U0086728

博碩文化

博碩文化

博碩文化

敏捷升級

Steve McConnell

More Effective Agile:
A Roadmap for Software Leaders

28個提升敏捷成效的關鍵原則

江玠峰　翻譯
盧國鳳　審校
搞笑談軟工 *Teddy Chen*　專文推薦

本書如有破損或裝訂錯誤，請寄回本公司更換

作　　　者：Steve McConnell
譯　　　者：江玠峰
審　　　校：盧國鳳
責 任 編 輯：盧國鳳

董 事 長：陳來勝
總 編 輯：陳錦輝

出　　　版：博碩文化股份有限公司
地　　　址：221 新北市汐止區新台五路一段 112 號 10 樓 A 棟
　　　　　　電話 (02) 2696-2869　傳真 (02) 2696-2867

發　　　行：博碩文化股份有限公司
郵 撥 帳 號：17484299　戶名：博碩文化股份有限公司
博碩網站：http://www.drmaster.com.tw
讀者服務信箱：dr26962869@gmail.com
訂購服務專線：(02) 2696-2869 分機 238、519
（週一至週五 09:30～12:00；13:30～17:00）

版　　　次：2022 年 12 月初版一刷

建議零售價：新台幣 650 元
I S B N：978-626-333-342-0
律 師 顧 問：鳴權法律事務所 陳曉鳴律師

國家圖書館出版品預行編目資料

敏捷升級：28 個提升敏捷成效的關鍵原則 /Steve
McConnell 著；江玠峰譯 . -- 新北市：博碩文化
股份有限公司 , 2022.12
　　面；　　公分
譯自：More effective agile a roadmap for software
leaders

ISBN 978-626-333-342-0(平裝)

1.CST: 軟體研發 2.CST: 專案管理

312.2　　　　　　　　　　　　　　111019903

Printed in Taiwan

博碩粉絲團　歡迎團體訂購，另有優惠，請洽服務專線
　　　　　　(02) 2696-2869 分機 238、519

商標聲明

有限擔保責任聲明

著作權聲明

齊聲讚譽

『無論你是經理還是高階主管，無論你是剛剛開始敏捷轉型還是希望改善敏捷實作，在本書中，你都能找到根據良好研究和豐富經驗的實用建議。』

—— Shaheeda Nizar，Google 工程主管

『本書在提供以業務／價值為中心的觀點的同時，也讓領導者能夠理解敏捷開發最先進的核心概念，並與之產生連結。』

—— John Reynders，Alexion Pharmaceuticals 研發策略、
產品管理與資料科學副總裁

『本書清楚地指出，敏捷是一組實踐，這組實踐來自對你的業務非常重要的工作成果，不只是一組要執行的制式化儀式而已。』

—— Glenn Goodrich，Skookum 產品開發實踐副總裁

『本書的 28 個關鍵原則是一份出色的備忘錄，可以說是過去 40 年軟體產品開發中最有價值的經驗教訓。本書結合理論與實踐，並使用淺顯好懂的語言和圖表，讓這些原則成為關注的焦點。』

—— Xander Botha，Demonware 技術總監

『本書清楚地指出，在過去總是被認為應該要採用循序式開發的專案，例如可預測性非常重要，或是在受管制環境當中，（如果正確使用）敏捷實踐確實能夠帶來令人驚豔的效果。』

—— Charles Davies，TomTom 技術長

『無論你是技術讀者還是非技術讀者，本書都非常容易閱讀，讓大家都能對敏捷達成一致的共識。』

—— Sunil Kripalani，OptumRx 數位長（Chief Digital Officer）

『即使是敏捷專家也會在本書中找到許多值得深思的地方，這將重振他們使用敏捷方法的信心。』

—— Stefan Landvogt，Microsoft 首席軟體工程師

『有許多太理想化的敏捷實踐，卻在複雜的現實情境中遭遇挫敗。本書是穿越敏捷實作迷宮一盞很好的指路明燈，它描述了要尋找什麼（檢查），以及如何處理你找到的東西（調整）。』

—— Ilhan Dilber，CareFirst 品質與測試總監

『令人耳目一新的是，本書避開了敏捷教條，並解釋了如何使用那些適合你業務需求的敏捷實踐。』

—— Brian Donaldson，Quadrus 總裁

『人們經常（錯誤地）認為，採用敏捷就必須犧牲可預測性，而不認為可預測性是敏捷本身的好處。本書將打破這個迷思，並提供一些實用的建議和技巧。』

—— Lisa Forsyth，Smashing Ideas 資深總監

『簡潔、實用，且忠實傳達了書名所承諾的內容。本書對於那些想讓敏捷流程更有成效的軟體主管來說尤其有價值。本書對於那些剛剛開始或正在考慮敏捷轉型的主管來說也非常有用。』

—— David Wight，Calaveras Group 顧問

『本書全面地介紹了如何有效實作敏捷，並隨著時間不斷改進，讓敏捷超越初始的導入階段。有許多書籍關注如何開始，卻很少有書籍分享繼續前進的實用知識和具體工具。』

—— Eric Upchurch，Synaptech 首席軟體架構師

『本書總結真實經驗，將建立現代軟體密集型系統的所有面向——技術、管理、組織、文化和人力——整合成一個容易理解、連貫、可操作的整體。』

—— Giovanni Asproni，Zuhlke Engineering Ltd 首席顧問

『大型組織該怎麼做，才能讓敏捷發揮作用？本書提供了很好的建議，例如敏捷邊界、變革管理模型、專案組合管理，以及預測與控制等等。』

—— Hiranya Samarasekera，Sysco LABS 工程副總裁

『本書提供了簡潔又有影響力的介紹，為那些主要在軟體上工作的個人和公司提供了有價值的東西。此外，本書中的許多概念基本上適用於任何企業。』

—— Barbara Talley，Epsilon 商業系統分析師總監

『本書是資訊、最佳實踐、挑戰、行動以及更多知識的權威性來源。本書也是我和我的團隊的首選資源。我有時很難解釋敏捷實踐以及如何讓它們富有成效，本書做得非常出色。』

—— Graham Haythornthwaite，Impero Software 技術副總裁

『本書教你如何將敏捷視為一套工具，可以在情況需要時有選擇地付諸實施，而不是全有或全無。』

—— Timo Kissel，Circle Media 資深工程副總裁

『這是一本很棒的書，它終於回答了「為什麼要使用敏捷？」這個問題。』

—— Don Shafer，Athens Group 的保險、安全、衛生與環境長

『剛剛開始使用敏捷的人，可以直接閱讀「第 23 章：更有效的敏捷導入」。我見過太多組織在沒有建立適當的基礎來確保成功的情況下就「完全敏捷化」。』

—— Kevin Taylor，Amazon 資深雲端架構師

『這是一本優秀的書，裡面充滿了非常實用的資訊，即使是經驗豐富的從業人員也可以從中學習。這是實際應用敏捷實踐的必備手冊。』

—— Manny Gatlin，Bad Rabbit 專業服務副總裁

『除去浮華不實的辭彙，直接告訴我什麼東西有效，以及其他一些有用的做法，包括與文化、人員、團隊相關的軟性問題（soft issues），也包括流程和架構。考慮到本書的篇幅，涵蓋的深度令人驚嘆！』

—— Mike Blackstock，Sense Tecnic Systems 技術長

『本書誠實地審視敏捷這個歷時 20 年的方法論，而且這可能是第一本直接針對管理者並告訴他們該做什麼的書。』

—— Sumant Kumar，SAP 創新商業解決方案組織的（工程）開發總監

『本書描繪了在任何環境中都很有幫助的、激勵個人與團隊的領導特質，我很欣賞關於這部分的討論。我們經常認為與人有關的因素是理所當然的，而且也只關注與流程有關的因素。』

—— Dennis Rubsam，Seagate 資深總監

『來自傳統專案管理文化的領導者往往難以掌握敏捷概念。對於這類領導者來說，閱讀本書必將大有啟發。』

—— Paul van Hagen，Shell Global Solutions International B.V.
的平台架構師和軟體卓越經理

『本書不僅為如何建立有效的敏捷團隊提供重要見解，還為組織的領導階層如何與其開發團隊合作提供重要見解，以確保專案成功。』

—— Tom Spitzer，EC Wise 工程副總裁

『這是瞬息萬變的軟體開發世界迫切需要的更新資訊，因為在不同的產業中，越來越迫切地需要交付更多、更快的產品。』

—— Kenneth Liu，Symantec 計畫管理資深總監

『本書為所有類型的軟體開發從業人員——業務主管、產品負責人、分析師、軟體工程師和測試人員——提供有價值的見解和經驗教訓。』

—— Melvin Brandman，Willis Towers Watson 人力資源福利部首席技術顧問

『無論你是想要改善現有敏捷專案的領導者，還是正在採用敏捷實踐的領導者，本書皆提供了全面的參考，涵蓋了敏捷領導力的各個方面。』

—— Brad Moore，Quartet Health 工程副總裁

『一本非常有價值的原則摘要（digest），這些原則已被證明可以提升敏捷團隊的水準。除了實用的資訊之外，還有許多寶貴的經驗也被收集到本書當中。』

—— Dewey Hou，TechSmith Corporation 產品開發副總裁

『本書是敏捷實作的一面好鏡子——讓你的實作流程與鏡中的影像保持一致，就能看見優勢（優點）與劣勢（缺點）。』

—— Matt Schouten，Herzog Technologies 產品開發資深總監

『我多麼希望 5 年前我正在公司推廣敏捷實作時就有這本書了！它澄清（並預測）了我們遇到的許多問題。』

—— Mark Apgar，Tsunami Tsolutions 產品設計經理

『大多數公司可能認為他們擁有一個「敏捷」的開發流程，但他們或許遺漏了許多可以讓他們的流程變得更好的關鍵部分。McConnell 借鑑了他對軟體開發的研究以及他在 Construx 的個人經驗，並將這些知識提煉成為一份簡潔的資源。』

—— Steve Perrin，Zillow 資深開發經理

『本書解決了我們多年來一直在努力解決的許多問題——如果在開始我們的旅程時就擁有這本書，那一定會大有幫助。書中的「建議的領導行動」非常有用！』

—— Barry Saylor，Micro Encoder Inc. 軟體開發副總裁

『本書代表了 20 年敏捷導入實戰經驗的結晶。正如《Code Complete》在 1990 年代成為所有軟體工程師必備的聖經一樣，《More Effective Agile》也將在未來 10 年成為所有敏捷領導者必讀的絕佳指引。』

—— Tom Kerr，ZOLL Medical 嵌入式軟體開發經理

『本書作者 McConnell 的整個職涯都在費心研究與不斷鑽研「軟體開發和管理」的各個面向。McConnell 深刻理解「華而不實的方法論炒作」與「富有成效的軟體領導力」之間的區別。』

—— Colin Hammond，ScopeMaster Ltd 執行長

推薦序

博碩文化甫出版不久的《*Clean Agile*》中文版回顧敏捷發展的歷史起源，談的是「老敏捷」。本書則是作者 Steve McConnell 在敏捷方法流行近 20 年之後，以他豐富的經驗介紹如何落實「**當代敏捷**」的建議。

本書涵蓋敏捷轉型的內容極廣，從最基本的敏捷用來解決**複雜性問題**作為起頭，接著以 **Scrum** 流程框架當作小團隊導入敏捷的基礎，討論敏捷團隊文化與分散式敏捷團隊所遭遇的挑戰。接著以**產品／專案**的角度，從需求、測試、品質與交付等面向，分析**單一敏捷專案**與**大型敏捷專案**的運作方式。最後，在**組織**的範圍內，闡述敏捷領導力、組織文化、敏捷測量、流程改善、敏捷導入等議題。

一本好書，需要在廣度與深度中做出取捨，本書不但廣度足夠，討論的層次夠深，且打中問題要害。書中提到敏捷轉型成功的一個重點：「**修復系統，而不是個人**」。這是所有流程改善的基本觀念，說來簡單，但落實起來卻很困難——正如江湖上流傳的一句笑言：『解決不了問題，就解決提出問題的人』。閱讀本書，如果能真正體會作者的本意並加以落實，對於敏捷轉型可以少踩很多雷。

建築師 Christopher Alexander 在他的名著《*The Timeless Way of Building*》提到：

A building or a town will only be alive to the extent that it is governed in a timeless way. It is a process which brings order out of nothing but ourselves; it cannot be attained, but it will happen of its own accord, if we will only let it.

敏捷轉型的過程亦是如此，只要你真心願意，它會自發產生。困難在於尚未成功之前我們並不知道敏捷轉型的「永恆之道」（timeless way）長成什麼樣子？有哪些特質？閱讀本書，你可以從中體驗當代敏捷成功的若干特質。

Teddy Chen

部落格「搞笑談軟工」板主

2022 年 11 月 30 日

關於作者

Steve McConnell

McConnell 以身為《*Code Complete*》的作者而聞名全球,這是一本軟體業的經典書籍,經常被描述為有史以來最受好評、最暢銷的軟體開發書籍。他的著作已被翻譯成 20 種語言,全球銷量超過一百萬冊。(編註:博碩文化出版繁體中文版《*CODE COMPLETE 2* 中文版:軟體開發實務指南(第二版)》。)

20 多年來,他的公司 Construx Software 一直在幫助軟體公司提升實力。Construx 的願景是『透過提升個人、團隊與組織的專業效率,讓每個軟體專案取得成功』。

更多資訊請至 www.stevemcconnell.com 或 email:stevemcc@construx.com。

關於譯者

江玠峰

國立交通大學資訊工程博士（2011）、PMP 國際專案管理師（2014）。曾任資訊工業策進會數位教育研究所組長、敦陽科技系統規劃開發處技術經理，以及中國醫藥大學人文與科技學院助理教授。專業領域包括：科技教育、數位學習、專案管理和計算理論。

Acknowledgments

謝辭

首先感謝我在 Construx Software 的技術同事。我很幸運，能與非常聰明、才華洋溢、經驗豐富的員工一起工作，而這本書主要是我們集體經驗的總結——如果沒有他們的貢獻，就不可能出版。

感謝顧問副總裁 Jenny Stuart 在「大規模敏捷導入」方面寶貴的經驗和見解。我十分欣賞她關於「在大型組織中如何駕馭組織問題」的看法。

感謝技術長 Matt Peloquin 分享「軟體架構」方面的專業知識，以及他在敏捷實作中扮演的關鍵角色—— Matt 在主持了超過 500 次架構審查（architecture review）之後已獨步全球，這些非凡的經驗在敏捷實作上亦發揮了重要作用。

感謝資深研究員暨傑出的顧問和教練 Earl Beede，感謝他洞察「如何以最清晰的方式呈現敏捷概念」，讓團隊能夠理解並有效率地實作敏捷。

感謝資深研究員 Melvin Pérez-Cedano 結合「全球的實際經驗」與「豐富的書本知識（book knowledge）」。感謝 Melvin，他是我這個寫作專案的活字典，也是「最有效的實踐」的關鍵指南。

感謝資深研究員 Erik Simmons 在「不確定性」和「複雜性」方面的深入研究，以及他在大型傳統公司實作敏捷實踐方面的專家級指導。

感謝首席顧問 **Steve Tockey** 分享「傳統、嚴格的軟體實踐」和豐富的基礎知識，並提供這些「傳統實踐」如何與「敏捷實踐」相互作用的深刻見解。

感謝資深研究員 **Bob Webber** 對「敏捷產品管理」的深刻見解——他數十年的領導經驗幫助本書聚焦於領導者的需求。

最後，感謝敏捷實踐負責人 **John Clifford**，感謝他鼓勵、指導、勸告甚至偶爾敦促組織實現「他們應從敏捷實作中獲得的所有價值」。

多麼不可思議的一群人！我很幸運能與這些人一起共事。

300 多位軟體主管閱讀了本書的初稿並提供了評論意見。這本書因他們的慷慨貢獻而更趨完美！

特別感謝 Chris Alexander，感謝他對 OODA 的深入解釋並提供極好的範例。

特別感謝 Bernie Anger，感謝他針對成功擔任「產品負責人」這個角色所做的廣泛評論。

特別感謝 John Belbute，感謝他對測量和流程改善的深刻評論。

特別感謝 Bill Curtis 和 Mike Russell，感謝他們嚴詞批判「我對 PDCA 的一些誤解」（這些錯誤觀念已不在本書中）。

特別感謝 Rob Daigneau，感謝他對架構和 CI/CD 的評論。

特別感謝 Brian Donaldson，感謝他對估算的深入審閱。

特別感謝 Lars Marowsky-Bree 和 Ed Sullivan，感謝他們對分散式團隊成功所需因素的全面評論。

特別感謝 Marion Miller 描述了緊急應變小組（emergency response team）的組織方式，以及這與敏捷組織之間的關係。

特別感謝 Bryan Pflug 針對「航太工業法規下的軟體開發」的廣泛評論。

感謝以下審稿人，他們分別審閱了書籍初稿的一部分：

Mark Abermoske、Anant Adke、Haytham Alzeini、Prashant Ambe、Vidyha Anand、Royce Ausburn、Joseph Balistrieri、Erika Barber、Ed Bateman、Mark Beardall、Greg Bertoni、Diana Bittle、Margaret Bohn、Terry Bretz、Darwin Castillo、Jason Cole、Jenson Crawford、Bruce Cronquist、Peter Daly、Brian Daugherty、Matt Davey、Paul David、Tim Dawson、Ritesh Desai、Anthony Diaz、Randy Dojutrek、Adam Dray、Eric Evans、Ron Farrington、Claudio Fayad、Geoff Flamank、Lisa Forsyth、Jim Forsythe、Robin Franko、Jane Fraser、Fazeel Gareeboo、Inbar Gazit、David Geving、Paul Gower、Ashish Gupta、Chris Halton、Ram Hariharan、Jason Hills、Gary Hinkle、Mike Hoffmann、Chris Holl、Peter Horadan、Sandra Howlett、Fred Hugand、Scott Jensen、Steve Karmesin、Peter Kretzman、David Leib、Andrew Levine、Andrew Lichey、Eric Lind、 Howard Look、Zhi Cong (Chong) Luo、Dale Lutz、Marianne Marck、Keith B. Marcos、David McTavish、J.D. Meier、Suneel Mendiratta、Henry Meuret、Bertrand Meyer、Rob Muir、Chris Murphy、Pete Nathan、Michael Nassirian、Scott Norton、Daniel Rensilot Okine、Ganesh Palave、Peter Paznokas、Jim Pyles、Mark Ronan、Roshanak Roshandel、Hiranya Samarasekera、Nalin Savara、Tom Schaffernoth、Senthi Senthilmurugan、Charles Seybold、Andrew Sinclair、Tom Spitzer、Dave Spokane、Michael Sprick、Tina Strand、Nancy Sutherland、Jason Tanner、Chris Thompson、Bruce Thorne、

Leanne Trevorrow、Roger Valade、John Ward、Wendy Wells、Gavian Whishaw 以及 Howard Wu。

感謝以下審稿人，他們審閱了整份書籍初稿：

Edwin Adriaansen、Carlos Amselem、John Anderson、Mehdi Aouadi、Mark Apgar、Brad Appleton、Giovanni Asproni、Joseph Bangs、Alex Barros、Jared Bellows、John M. Bemis、Robert Binder、Mike Blackstock、Dr. Zarik Boghossian、Gabriel Boiciuc、Greg Borchers、Xander Botha、Melvin Brandman、Kevin Brune、Timothy Byrne、Dale Campbell、Mike Cargal、Mark Cassidy、Mike Cheng、George Chow、Ronda Cilsick、Peter Clark、Michelle K. Cole、John Connolly、Sarah Cooper、John Coster、Alan Crouch、James Cusick、David Daly、Trent Davies、Dan DeLapp、Steve Dienstbier、Ilhan Dilber、Nicholas DiLisi、Jason Domask、David Draffin、Dr. Ryan J. Durante、Jim Durrell、Alex Elentukh、Paul Elia、Robert A. Ensink、Earl Everett、Mark Famous、Craig Fisher、Jamie Forgan、Iain Forsyth、John R Fox、Steven D. Fraser、Steve Freeman、Reeve Fritchman、Krisztian Gaspar、Manny Gatlin、Rege George、Glenn Goodrich、Lee Grant、Kirk Gray、Matthew Grulke、Mir Hajmiragha、Matt Hall、Colin Hammond、Jeff Hanson、Paul Harding、Joshua Harmon、Graham Haythornthwaite、Jim Henley、Ned Henson、Neal Herman、Samuel Hon、Dewey Hou、Bill Humphrey、Lise Hvatum、Nathan Itskovitch、Rob Jasper、Kurian John、James Judd、Mark Karen、Tom Kerr、Yogesh Khambia、Timo Kissel、Katie Knobbs、Mark Kochanski、Hannu Kokko、Sunil Kripalani、Mukesh Kumar、Sumant Kumar、Matt Kuznicki、Stefan Landvogt、Michael Lange、Andrew Lavers、Robert Lee、Anthony Letts、Gilbert Lévesque、Ron Lichty、Ken Liu、Jon Loftin、Sergio Lopes、Arnie

Lund、Jeff Malek、Koen Mannaerts、Risto Matikainen、Chris Matts、Kevin McEachern、Ernst Menet、Karl Métivier、Scott Miller、Praveen Minumula、Brad Moore、David Moore、Sean Morley、Steven Mullins、Ben Nguyen、Ryan North、Louis Ormond、 Patrick O'Rourke、Uma Palepu、Steve Perrin、Daniel Petersen、Brad Porter、Terri Potts、Jon Price、John Purdy、Mladen Radovic、Venkat Ramamurthy、Vinu Ramasamy、Derek Reading、Barbara Robbins、Tim Roden、Neil Roodyn、Dennis Rubsam、John Santamaria、Pablo Santos Luaces、Barry Saylor、Matt Schouten、Dan Schreiber、Jeff Schroeder、John Sellars、Don Shafer、Desh Sharma、David Sholan、Creig R. Smith、Dave B Smith、Howie Smith、Steve Snider、Mitch Sonnen、Erik Sowa、Sebastian Speck、Kurk Spendlove、Tim Stauffer、Chris Sterling、Peter Stevens、Lorraine Steyn、Joakim Sundén、Kevin Taylor、Mark Thristan、Bill Tucker、Scot Tutkovics、Christian P. Valcke, PhD、Paul van Hagen、Mark H. Waldron、Bob Wambach、Evan Wang、Phil White、Tim White、Jon Whitney、Matthew Willis、Bob Wilmes、David Wood、Ronnie Yates、Tom Yosick 以及 Barry Young。

在眾多評論中，有幾篇評論特別深刻和有用。特別感謝這些審稿人：

John Aukshunas、Santanu Banerjee、Jim Bird、Alastair Blakey、Michelle Canfield、Ger Cloudt、Terry Coatta、Charles Davies、Rob Dull、Rik Essenius、Ryan E. Fleming、Tom Greene、Owain Griffiths、Chris Haverkate、Dr Arne Hoffmann、Bradey Honsinger、Philippe Kruchten、Steve Lane、Ashlyn Leahy、Kamil Litman、Steve Maraspin、Jason McCartney、Mike Morton、Shaheeda Nizar、Andrew Park、Jammy Pate、John Reynders、André Sintzoff、Pete Stuntz、Barbara Talley、

Eric Upchurch、Maxas Volodin、Ryland Wallace、Matt Warner、Wayne Washburn 以及 David Wight。

我也想感謝製作團隊的傑出表現，包括 Rob Nance 的繪圖、Tonya Rimbey 帶領的審校工作，以及 Joanne Sprott 編排的索引。還要感謝 Jesse Bronson、Paul Donovan、Jeff Ehlers、Melissa Feroe、Mark Griffin 和 Mark Nygren 負責幫忙招募審稿人。

最後，特別感謝責任編輯 Devon Musgrave。這是我與 Devon 合作的第 3 本書。他的編輯判斷在各方面改善了這本書，他對我各種寫作專案的持續興趣，才讓這本書成為可能。

Contents at a Glance

簡易目錄

Detailed Contents

目錄

PART II 更有效的團隊

PART IV   更有效的組織

PART I

帶你進入
更有效的敏捷

本書的 PART I（第一部分）將描述「敏捷軟體開發」的基本概念。接著，PART II 到 PART IV（第二部分至第四部分）會深入探討具體的建議。

PART I 介紹的概念將在本書的其他章節中被廣泛引用，因此，如果你跳至 PART II 到 PART IV 閱讀，請記住那些討論都取決於 PART I 提出的想法。

如果你想從宏觀的角度開始，請跳至 PART V（第五部分），閱讀「享受辛勞的成果」和「關鍵原則一覽表」。

第 1 章

序言

在 2000 年代初期，軟體界先進們針對「敏捷開發」（Agile development）提出了許多重大問題。他們對於敏捷的「能力」（ability）感到擔憂，也就是它是否能夠支援品質、可預測性、大型專案、可測量的進步，以及在受管制的產業（regulated industry，又譯受政府管轄行業或受法規限制的產業）當中運作。他們當時的擔憂是有充分依據的：敏捷的最初承諾（即其效益）被誇大了，許多敏捷導入令人失望，而且取得成果的時間通常比所預期的時間來得長。

軟體產業需要「時間」和「經驗」來區分早期敏捷所帶來的「無效錯誤」和「真正進步」。近年來，軟體產業改善了敏捷的一些早期實踐（practice，即「做法」），增加了新的實踐，並學會了避免某些實踐。如今，使用「現代敏捷開發」（modern Agile development）為同時改善品質、可預測性、生產力（productivity）和產出量（throughput）提供了機會。

20 多年來，我的公司 Construx Software 已與許多開發軟體系統的公司合作，所開發的內容遍及手機遊戲到醫療設備。我們已經幫助了數百家公司成功地實作了「循序式開發」（Sequential development），而在過去的 15 年間，我們也從敏捷開發中取得了越來越好的成績。我們看到，許多組織透過使用敏捷實踐（Agile practice）大幅減少了週期時間、提高了生產力、提升了品質、改善了客戶的回應以及增加透明度。

許多關於敏捷的文獻都將重心放在新興市場中快速發展的公司，例如 Netflix、Amazon、Etsy、Spotify 和其他類似的公司。但如果「你的公司」所開發的軟體沒有那麼頂尖先進，那該怎麼辦？又或者是那些幫科學儀器、辦公室設備、醫療設備、消費性電子產品、重型機械、處理程序控制設備（process control equipment）開發軟體的公司呢？我們發現，在應用現代敏捷實踐時，如果專注在「什麼實踐是最適合特定業務的」，現代敏捷實踐也會為這些類型的軟體提供優勢。

1.1 為什麼「有效的敏捷」如此重要？

公司會為了自己的利益而希望更有效的軟體開發。另一個原因是軟體可以帶動許多其他的業務功能。《State of DevOps Report》發現：『擁有高績效 IT 部門的公司，其達成利潤、市佔率和生產力目標的可能性，是（同行的）兩倍之多』（Puppet Labs, 2014）。而針對「客戶滿意度」、「工作產出的質與量」、「營運效能」以及「其他業務目標（objective）」，高績效公司所能達到甚至超越其目標（goal）的可能性，是（同行的）兩倍之多。

對於現代敏捷實踐而言，有選擇地、有意義地使用它們，能為有效的軟體開發以及伴隨而來的所有好處提供一條成效卓越的康莊大道。

不幸的是，大多數組織並沒有意識到敏捷實踐的潛力，因為大多數敏捷實踐的實作方式都是無效的。舉例來說，Scrum 是最常見的敏捷實踐，正確實作的話也能非常強大，但是我們經常看到它以無法激發潛能的方式在運作。下圖展示了我們公司所見過的「一般的 Scrum 團隊」與「健康的 Scrum 團隊」之間的比較。

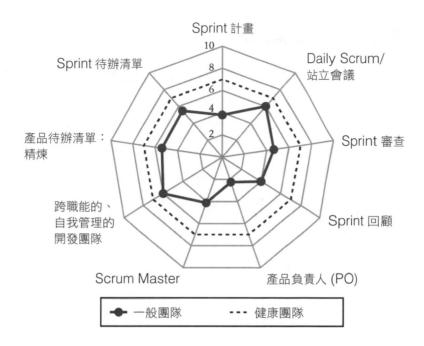

通常，我們只會看到 Scrum 的某一個關鍵元素被有效地應用了（例如 Daily Scrum ／站立會議），然而這種應用本身甚至也沒有真正的普及。至於 Scrum 的其餘元素更僅是偶爾被應用而已，或是完全沒有採用。（我們會在「第 4 章」詳細說明這張圖使用的計分方式。）

「本質上是良好的實踐，卻以差勁的方式執行」，這並不是敏捷失敗的唯一根源。「敏捷」一詞已成為一個統稱（umbrella term，雨傘術語），涵蓋了廣泛的實踐、原則和理論。我們看到敏捷實作之所以失敗，是因為組織沒有向「敏捷」的涵義看齊。

在「敏捷」這個廣大的雨傘術語之下，某些實踐的效果比其他實踐要好得多，而我們看到某些組織之所以失敗，就是因為他們選擇了「無效」的實踐。

總結來說，組織是能夠顯著提升效能的，而本書將介紹如何做到這一點。

1.2　本書的目標讀者

本書的適用讀者群，是那些希望確保有效採用敏捷的長字輩主管（C-level executives）、副總裁、處長、經理以及軟體團隊和組織的其他領導者。如果你「有」技術背景，但沒有現代敏捷實踐的豐富經驗，那麼這本書很適合你。如果你「沒有」技術背景，只是想了解敏捷實踐的工作知識，那麼這本書也很適合你（你可以跳過技術部分）。如果你在 10 到 15 年前曾了解過很多有關敏捷實踐的知識，但是從那之後就沒有更新過現代敏捷的知識，那麼這本書就更適合你了。

最重要的是，如果你的組織採用了敏捷開發，而你對結果並不滿意，這本書將為你指點迷津。

1.3　本書與其他敏捷書籍有何不同？

本書不是關於如何「正確地」執行敏捷，而是關於那些對你公司的業務有意義的敏捷實踐，以及如何從中取得最大的「價值」。

本書探討了企業關心的主題，但敏捷純粹主義者（purist）卻經常忽略這些主題，例如：敏捷實作的常見挑戰為何？如何僅在組織的一部分中施行敏捷？敏捷對「可預測性」的支持何在？在分佈於不同地理位置的開發團隊中使用敏捷的最佳方法為何？以及在受管制的產業中如何使用敏捷？以上僅列舉一些常被忽略的主題，而本書中皆會闡述。

關於敏捷開發的大多數書籍都是由傳教士（evangelist，愛好者）所撰寫的。他們倡導的是一種特定的敏捷實踐，或者想要廣泛地推廣敏捷。我不是敏捷的傳教士；我是「有效事物」（things that work）的擁護者，也是「無證據支持的過度誇大事物」的反對者。本書並未將敏捷視為一場需要提升意識狀態才能

參與的運動，而是將其視為特定的「管理」和「技術實踐」的集合，其效果和相互作用可以從業務與技術方面來理解。

我沒有在 2000 年代初期寫這本書，因為當時的軟體界還沒有累積足夠的敏捷開發實務經驗，無法自信地知道什麼有用或什麼沒用。而今天我們了解到，當時最廣為人知的某些實踐後來並不是很有效，相反的，當時很少被廣為宣傳的其他實踐，則已經成為有效的現代敏捷實作的可靠工具。本書也整理了這些內容。

敏捷愛好者可能會批評這本書沒有呈現敏捷開發的領先優勢，但這正是本書的重點──本書只著重於「已證明為有效」的實踐（practices that have proven to work）。敏捷開發的歷史中有許多的想法和做法，縱然有一、兩位愛好者在屈指可數的組織中成功地使用了某些做法，但我們最終會發現它們通常是沒有用的。本書將不涉及那些「侷限使用」（limited use，成效有限）的實踐。

本書為現代敏捷實踐提供了一份有效路線圖（roadmap），包括一些敏捷實踐的注意事項和應該避免的想法。本書不是敏捷的教育訓練手冊，而是幫助軟體開發領導者將重點與雜音區分開來的實用指南。

1.4 本書的編排方式

本書從「背景和情境」開始，接著介紹「個人和團隊」，然後介紹個人和團隊使用的「工作實踐」，再來介紹運用這些工作實踐的團隊身處的「組織」，最後則是「總結和展望」。

本書每一個 PART（部分）的導讀會提供指引，可以幫助你決定是否閱讀每一個 PART，以及決定以什麼順序閱讀它們。

1.5 讓我知道你的想法

如果沒有廣泛的同儕審閱，這本書的內容是無法完成的。我們 Construx Software 公司的同仁對初稿進行了徹底的審閱。我也請外部審稿人員幫我審閱下一階段的草稿，還有 300 多位軟體開發領導者貢獻了 10,000 多則評論意見。他們的熱心幫忙讓這版著作受益匪淺。

你對這本書的感覺如何？它符合你的經驗嗎？它對你遇到的任何問題有幫助嗎？我們歡迎你在下面的平台中分享你的意見和想法。

華盛頓州貝爾維尤市（Bellevue, Washington）

2019 年 7 月 4 日

✉ stevemcc@construx.com

in Linkedin.com/in/stevemcc

f SteveMcConnellConstrux

🐦 @Stevemconstrux

≡ MoreEffectiveAgile.com

第 2 章

敏捷到底有什麼不同？

在大多數的敏捷書籍中，有關「敏捷到底有什麼不同」的章節，都會立即深入探討 2001 年簽署《敏捷宣言》（Agile Manifesto）的歷史，以及與其相關歷時 20 年之久的「敏捷原則」（Agile Principles）。

這些文件在 20 年前是十分重要且有用的，然而敏捷實踐也從那時開始不斷成熟，這些歷史參考資料已無法準確描述現代敏捷最有價值的部分。

那麼，現今的敏捷有什麼不同呢？敏捷運動在歷史上與「瀑布式開發」（waterfall development）形成了鮮明的對比。所謂的「瀑布式開發」包含了 100% 的事前計畫、100% 的事前需求制定、100% 的事前設計等等。這是對「瀑布式開發」字面上的精準描述，但它描述的是一種從未真正廣為使用的開發模式；相反的，各式各樣的「階段式開發」（phased development）才是普遍的。

真正的「瀑布式開發」主要存在於美國國防部早期的專案中，而在編寫《敏捷宣言》時，那種早期的、粗略的實作方式，已經被更複雜的生命週期所取代[1]。

---

[1] 美國國防部專案的瀑布式軟體開發標準 MIL-STD-2167A 在 1994 年底被「非」瀑布式標準 MIL-STD-498 取代。

現今與「敏捷開發」最有意義的對比是「循序式開發」（Sequential development）。撇開錯誤敘述不談，所有的差異如表 2-1 所示。

表 **2-1**：循序式開發和敏捷開發之間所強調的不同重點。

循序式開發	敏捷開發
長發布週期	短發布週期
大多數的端到端開發以大批次的長發布週期在進行	大多數的端到端開發以小批次的短發布週期在進行
詳細的事前計畫	高階（概觀）的事前計畫以及即時的詳細計畫
詳細的事前需求	高階（概觀）的事前需求以及即時的詳細需求
事前設計	浮現式設計
最後才測試，且通常為獨立的活動	與開發整合在一起的持續自動化測試
不頻繁的結構化協作	頻繁的結構化協作
整體做法是理想主義、預先安排、控制導向的	整體做法是經驗主義、反應靈敏、改進導向的

1：短發布週期 vs. 長發布週期

使用敏捷實踐的團隊以「天」或「週」作為開發軟體的時間單位。使用循序式實踐的團隊則以「月」或「季」來測量他們的開發週期。

2：從事端到端（end-to-end）開發工作時，小批次 vs. 大批次

敏捷開發強調小批次（batch）的完整開發──包括詳細的需求、設計、編寫程式、測試和文件化，這表示一次只會處理少量的特性（feature）或需求。循序式開發強調將整個專案的需求、設計、編寫程式和測試以大批次的方式整包丟到開發管線（pipeline）當中。

3：即時計畫 vs. 事前計畫

敏捷開發通常只會預先做一點計畫，而將大部分的詳細計畫留待之後即時完成。做得好的循序式開發也即時地進行了很多計畫，但是對於實獲值（earned value）專案管理來說，這種循序式實踐更加強調事前進行更詳細的計畫。

4：即時需求 vs. 事前需求

敏捷開發強調應該盡量「少做」預先制定需求的工作（強調廣度而不是細節）；它延遲了絕大多數詳細的需求工作，直到專案進行之後才進行考量。循序式開發則預先定義了大多數的需求細節。

「需求」是「現代敏捷實踐」超越 2000 年代初期「早期的敏捷開發想法」的一個領域。我將在「第 13 章」和「第 14 章」中討論這些變化。

5：浮現式設計（emergent design）vs. 事前設計（up-front design）

與「計畫」和「需求」一樣，敏捷會將「設計」工作的詳細描述推遲到真正需要的時候，而將事前架構的重視程度降到最低。循序式開發則強調事前建構更高程度的設計細節。

認可（acknowledgment）「某些」事前設計與架構工作中的價值，是「現代敏捷」超越 2000 年代「早期的敏捷哲學」的另一個領域。

6：與開發整合在一起的持續自動化測試 vs. 最後的單獨測試

敏捷開發強調「測試是與編寫程式同時完成的」，有時甚至是在編寫程式「之前」。測試由整合開發團隊執行（整合開發團隊中包括了開發人員和測試專家）。循序式開發則將「測試」視為與「開發」分開、而且通常在開發發生「之後」才進行的活動。敏捷開發強調自動化測試，以便更多人更頻繁地執行測試。

7：頻繁的結構化協作 **vs.** 不頻繁的結構化協作

敏捷開發強調頻繁的結構化協作（structured collaboration）。這些協作通常很短（每天 15 分鐘的站立會議），但它們被建構成敏捷工作中日復一日、週而復始的節奏。循序式開發當然不會阻止協作，但也不會特別鼓勵協作。

8：經驗主義、反應靈敏、改進導向 **vs.** 理想主義、預先安排、控制導向

敏捷團隊強調經驗方法；他們強調從真實世界的經驗中學習。循序式團隊也試圖從經驗中學習，但他們更強調制定計畫以及對現實強加秩序，而不是觀察現實並不斷調整。

2.1 敏捷開發和循序式開發的共同點

一般來說，在比較敏捷開發與循序式開發時，我們會傾向於將「敏捷好的一面」與「循序式壞的一面」進行比較，或是反過來。這既不公平也不實用。執行良好的專案強調的是良好的管理、高水準的客戶協作，以及高品質的需求、設計、編寫程式和測試──無論專案是使用敏捷方法還是循序式方法。

理想的情況下，最好的循序式開發是可以很好地運作的。然而，如果你研究表 2-1 中描述的差異並反思你自己的專案，你會看到一些線索，說明為什麼在許多情況下敏捷開發比循序式開發更有成效。

2.2 敏捷的優勢來自何處？

敏捷開發的好處並非來自「敏捷」一詞的神秘力量。它們來自於表 2-1 中所列出的敏捷重點（Agile Emphases），那些符合直覺又容易解釋的效果。

1：較短的發布週期讓你能夠更即時且更低成本地修復缺陷、減少陷入僵局或困境的時間、提供更直接的客戶回饋、提供更快的路線修正，以及更快達到「增加收入和節省營運成本」的目標。

2：以小批次進行的端到端開發工作為我們提供類似的好處——更緊密的回饋迴圈（feedback loop），允許以更低的成本更快地偵測和修正錯誤。

3：即時計畫可以減少花在建立詳細計畫上的時間，這些計畫通常會在後來被忽略或捨棄掉。

4：即時需求可以減少在制定前期需求上所投入的工作，當需求發生變化時，這些工作內容通常會被捨棄掉。

5：浮現式設計可以減少為「後來變化的需求」設計「事前解決方案」的工作量，更不用說在細節上沒有按照計畫進行的設計了。事前設計可能非常強大，但針對「推測需求」（speculative requirement，即不確定的需求）的事前設計更容易出錯又浪費時間。

6：整合到開發團隊中的持續自動化測試可以強化從「出現缺陷」到「偵測出缺陷」之間的回饋迴圈，有助於降低缺陷修正的成本，並能高度強調初始程式碼的品質。

7：頻繁的結構化協作可以減少溝通錯誤；這些溝通上的錯誤可能會導致需求、設計和其他活動中出現大量缺陷。

8：強調經驗主義、反應靈敏、改進導向的模型有助於讓團隊更快地從經驗中學習，並隨著時間持續改善。

不同的組織會強調不同的敏捷重點。開發「安全性相當重要的軟體」的組織通常不會採用浮現式設計。浮現式設計可能會節省資金，但安全的考量更為重要。

同樣的，每次發布軟體時都會產生高昂成本的組織，就不會選擇經常發布——這可能是因為軟體嵌入在難以存取的設備當中，或是由於監管開銷（regulatory overhead）。從頻繁發布中獲得的回饋可能會為組織節省一些資金，但它所花費的成本可能會比節省的金錢來得更多。

一旦你超越了「敏捷」的舊有思維，不再認為「敏捷」是一個不可分割的概念——即必須「完全應用」或「全不應用」（all-or-nothing，全有或全無），你就可以自由地個別採用敏捷實踐。你會開始意識到，有一些敏捷實踐比其他的敏捷實踐更加有用——有些則是在「你的特定情況」下特別有用。如果你的組織需要支援業務敏捷力，那麼現代敏捷軟體實踐自然是合適的。如果你的組織需要支援品質、可預測性、生產力或其他一些沒那麼明顯的敏捷屬性，那麼現代敏捷軟體實踐也是很有價值的。

2.3 敏捷邊界

大多數的組織並無法實現端到端的敏捷力（end-to-end agility，即從需求到實作、每一個環節的）。你的組織可能看不到「敏捷 HR（人資）」或「敏捷採購」所帶來的任何好處。即使你致力於為整個組織落實敏捷，你也可能會發現你的客戶或供應商不如你敏捷。

了解組織敏捷部分和非敏捷部分之間的邊界（boundary）是很有用的——包含了「目前的邊界」，也包含了「期望的邊界」。

如果你是長字輩主管，敏捷邊界內的區域可能包括你的整個組織。如果你是組織中的最高層級技術主管，敏捷邊界內的區域可能包括整個技術組織。如果你是組織中較低層級的主管，敏捷邊界內的區域可能只包括你的團隊。請看一下圖 2-1 中的範例。

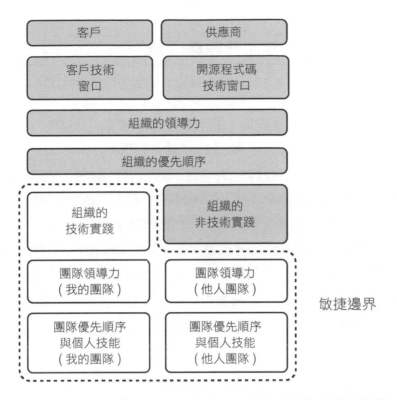

圖 2-1：敏捷邊界的範例。在此範例中，敏捷實踐僅限於技術組織。

對敏捷邊界的誤解可能會導致「期望不一致」和其他的問題，例如以下情境：

- 敏捷的軟體開發和非敏捷的法規
- 敏捷的銷售和非敏捷的軟體開發
- 敏捷的軟體開發和非敏捷的企業客戶

每個組織都有邊界。你希望在組織中實作哪種程度的敏捷？什麼最適合你的企業呢？

建議的領導行動

》》檢查

- 反思一下你之前認為「敏捷是一個全有或全無的提案」的程度。這在多大程度上影響了你改進「管理」和「技術實踐」的方法？

- 請與你的公司中至少 3 位技術主管談談。問問他們「敏捷」是什麼意思。詢問他們所認為的具體做法為何。你的技術主管們在「敏捷的涵義是什麼」這方面能達成多大的共識？他們認為「什麼」不是敏捷？

- 請與「非技術主管」討論敏捷對他們的意義為何。他們如何看待他們的工作與你的軟體團隊之間的「邊界」或「介面」（interface，窗口）？

- 請根據表 2-1 中描述的重點檢視你的專案內容。請根據每個因素對你的專案進行評分，其中 1 表示完全循序，5 表示完全敏捷。

》》調整

- 寫下在你的組織中繪製「敏捷邊界」的初步方法。

- 在閱讀本書其餘章節時，寫下待回答的問題清單。

其他資源

- Stellman, Andrew and Jennifer Green. 2013.
  Learning Agile: Understanding Scrum, XP, Lean, and Kanban.
  本書從贊成敏捷（支持敏捷）的角度適當地介紹了敏捷的概念。

- Meyer, Bertrand, 2014. *Agile! The Good, the Hype and the Ugly.*
  本書一開始針對「過度興盛的敏捷運動」提出了一個有趣的批評，並確定了與敏捷開發相關的、最實用的原則和實踐。

第 3 章

回應複雜性和不確定性的挑戰

軟體專案長期以來一直在努力解決如何處理複雜性的問題，這是許多挑戰的根源，包括品質低落、專案延遲和徹底失敗。

本章將介紹一個可以幫助我們理解「不確定性」（uncertainty）和「複雜性」（complexity）的框架，名為 Cynefin，並描述 Cynefin 如何應用於循序式和敏捷的軟體問題。接著，本章還會介紹一個名為 OODA 的模型，在面臨不確定性和複雜性的情況時，我們可以使用它做出決策。本章將描述 OODA 決策方法比典型的循序式決策方法更具優勢的案例。

3.1 Cynefin

Cynefin 框架（發音為 kuh-NEV-in）是 1990 年代後期 David Snowden 在 IBM 任職時所建立的（Kurtz, 2003）。

從那時候起，Snowden 和其他人繼續發展這個框架（Snowden, 2007）。Snowden 將 Cynefin 定義為「意義建構框架」（sense-making framework）。根據情況的複雜性和不確定性，這個框架有助於理解那些可能有用的策略類型。

Cynefin 框架由 5 個領域（domain）組成。每個領域都有自己的屬性（attribute）和建議的回應（response）。這些領域如圖 3-1 所示。

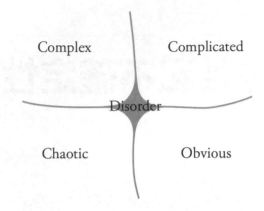

圖 3-1：**Cynefin** 框架是一個實用的「意義建構框架」，可以應用於軟體開發。

Cynefin 這個詞是威爾斯語（Welsh），意思是「棲息地」（habitat）或「鄰里」（neighborhood）。「領域」不該被視為「分類」（category）；反之，它們被認為是「意義的集群」（clusters of meanings），這是名稱中「棲息地」所強調的概念。

「複雜」（Complex）領域和「繁雜」（Complicated）領域與軟體開發最為相關。以下小節提供了所有 5 個領域的詳細說明。

3.1.1 明顯領域

在「明顯」（Obvious）領域中，問題皆被充分理解，而解決方案也都是不言而喻的。從字面上來看，每個人都同意一個正確的答案。因果關係簡單直接。這是模式應用（pattern application）的領域：即程式化（programmed）、程序化（proceduralized）、機械式（rote）的行為。

Cynefin 框架使用以下方法來解決「明顯」（Obvious）問題：

感知（sense）● 分類（categorize）● 回應（respond）

「明顯」領域的問題範例包括：

- 在餐廳為客人點餐

- 處理貸款支付

- 為汽車加油

在「細節」層面，軟體團隊會遇到許多「明顯」的問題，例如：『這個 if 敘述句應該驗證為 0 而不是 1』。

在「專案」層面，很難找到 Cynefin 所定義的「明顯」問題的範例。試想一下：你最後一次在軟體中看到某個規模的問題，而當中只有一個正確答案且每個人都同意其解決方案是什麼時候？軟體界有一個很好的研究提到了，當不同的設計人員面臨相同的設計問題時，他們將要建立的解決方案，在實作其設計所需的程式碼數量上會有 10 倍之多的差異（McConnell, 2004）。根據我的經驗，這種差異甚至存在於看似簡單的任務之中，例如：「建立這份簡短的報告」。這與「只有一個正確的解決方案」是有很大差距的。因此，除了「hello world 程式」之外，我認為軟體開發中並「不」存在「明顯」的問題。就大型軟體開發而言，我相信你可以放心地忽略「明顯」領域。

3.1.2 繁雜領域

在「繁雜」（Complicated）領域中，你知道問題的大致樣貌、要問什麼問題以及如何獲得答案。

此外，存在著許多個正確答案。這當中的因果關係很繁雜——你必須分析、調查和運用專業知識來理解因果關係。不是每個人都能看到或理解該因果關係，這使得「繁雜」領域成為專家的領域。

Cynefin 框架使用以下方法來解決「繁雜」（Complicated）問題：

感知（sense）● 分析（analyze）● 回應（respond）

這種方法與「明顯」領域中的方法形成了對比，因為中間步驟需要「分析」
（analysis），而不是簡單地對問題進行「分類」（classify）並選擇一個正確
的回應。

「繁雜」領域的問題範例包括：

- 診斷引擎的爆震聲

- 準備一頓豐盛佳餚

- 撰寫資料庫查詢（query）以取得某個結果

- 修復生產系統中一個由於更新不完整而導致的 bug

- 為一個成熟系統的 4.1 版本排列使用者需求的優先順序

這些例子的共同點是，首先你定義了對問題的理解和解決問題的方法，然後你
以直截了當的方式解決問題。

許多軟體開發活動和專案都屬於「繁雜」領域。從歷史上來看，這一直都是「循
序式開發」的領域。

如果該專案主要處於 Cynefin 的「繁雜」領域，那麼一個過度仰賴事前計畫和
分析的「線性循序式方法」是可行的。當問題不能很好地定義時，這種方法就
會出現挑戰。

3.1.3 複雜領域

「複雜」（Complex）領域的特徵是「因果關係不是立即顯而易見的」，即使對專家來說也是如此。與「繁雜」領域相比，你並不知道要問的所有問題——換句話說，部分挑戰在於「發現問題」。再多的預先分析都無法解決問題，需要進行實驗才能找到解決方案。事實上，一定程度的失敗是該過程的一部分，而且通常需要根據不完整的資料做出決策。

對於「複雜」問題來說，因果關係只有事後才能知道——問題的某些要素是逐漸浮現（emergent）出來的。然而，透過足夠的實驗，因果關係可以逐漸變得更清晰，以支持實際的決策。Snowden 說，「複雜」問題是協作、耐心和允許解決方案浮現的領域。

Cynefin 框架使用以下方法來解決「複雜」（Complex）問題：

探索（probe）● 感知（sense）● 回應（respond）

這與「繁雜」問題形成了對比，因為你無法「分析」解決問題的方法。你必須先「探索」。最終，「分析」將變得具有關聯性，但這不會是立即性的。

「複雜」領域的問題範例包括：

- 買禮物送給一位難以取悅的人——你在贈送禮物時就知道自己一定需要更換禮物！
- 修復一個生產系統中的 bug；在這個生產系統中，診斷工具可以在偵錯（debugging）期間完全清除 bug，但在生產（production）期間卻無法做到
- 在全新的系統中引出（elicit，發掘）使用者需求
- 建立一個在「仍然不斷發展的底層硬體」上執行的軟體

21

● 在競爭對手更新他們的軟體時更新你的軟體

許多軟體開發活動和專案都屬於「複雜」領域，這就是敏捷和迭代（iterative）開發的領域。如果專案主要處於「複雜」領域，則需要建立一種可行的方法來進行實驗和探索，然後問題才能被完全定義。

在我看來，「循序式開發」未能在「複雜」專案上做得很好，這是促成「敏捷開發」的重要關鍵。

在某些情況下，你可以對主要是「複雜」（Complex）的專案進行足夠詳細的探索，進而將其轉變為「繁雜」（Complicated）的專案。然後，你可以使用適合「繁雜」專案的方法來執行專案的其餘部分。在其他情況下，「複雜」專案在其整個專案生命週期中會一直保留重要的「複雜」元素。將「複雜」專案轉換為「繁雜」專案的嘗試是很浪費時間的，而這些時間最好花在使用適合「複雜」專案的方法上，以完成專案。

3.1.4 混沌領域

「混沌」（Chaotic）領域與你在前 3 個領域中所期望的模式略有不同。在「混沌」領域中，因果之間的關係是動盪和變化的。即使經過反覆的實驗，抑或是事後來看，因果之間也沒有可以發現的關係。你不知道要問的問題，探索和實驗也無法產生一致的回應。

這個領域還包括其他領域中不存在的「時間壓力」元素。

Cynefin 將「混沌」（Chaotic）領域定義為果斷的、以行動為導向的領導力領域。推薦的方法是為混亂施加秩序並迅速執行：

行動（act）● 感知（sense）● 回應（respond）

「混沌」的問題範例包括：

- 在自然災害仍在發生時提供災害救援

- 制止高中學生餐廳內的食物大戰

- 透過回復（rolling back，復原）到以前的版本來修復生產系統中的 bug，因為沒有多少分析或探索能找到 bug 的原因

- 在激烈的政治環境中定義特性集（feature set），在這種環境中，由於強勢的利害關係人（stakeholder）的野心，使得需求不斷出現並且變化

在軟體中尋找專案規模的「混沌」問題範例是很困難的，甚至是不可能的。雖然「bug 修復」的範例具有「沒時間分析、只能行動」的元素，但它並不是一個專案大小的範例。「特性集」的範例是一個專案規模的範例，但它並沒有「極端的時間壓力」元素，這表示它並非 Cynefin 術語中「混沌」問題的代表性範例。

3.1.5 失序領域

Cynefin 框架圖的中間被定義為「失序」（Disorder）領域，在這個領域中，你不清楚哪一個領域適用於你的問題。Cynefin 框架推薦使用以下方法來解決「失序」問題：將問題分解為許多個元素，然後評估每個元素所在的領域。

Cynefin 提供了一種做法來識別這些不同的元素，並且適當地對待每個元素。你在「複雜」領域中以一種方式來處理需求、設計和計畫工作，而在「繁雜」領域中，則以不同的方式來處理工作。總結來說，沒有單一的方法能夠適用於所有地方。

大多數軟體專案規模的問題，都無法整齊劃一地包含在一個領域當中，因此請記住，這些領域都是「鄰里」（neighborhood）──它們是聚集在一起的「意

義的集合」。一個問題或系統的不同元素可以表現出不同的屬性：有些可能是「複雜」的，而另一些可能是「繁雜」的。

3.1.6　Cynefin 與軟體挑戰

Cynefin 是一個有趣且實用的「意義建構框架」，所有 5 個領域都適用於軟體之外的問題。然而，如圖 3-2 所示，「混沌」（Chaotic）和「明顯」（Obvious）領域並不適用於整個專案層級的問題，原因我已經描述過了。這表示出於實際的目的，軟體專案應該將自己定位為主要處於「繁雜」（Complicated）、「複雜」（Complex）或「失序」（Disorder）的領域（而且「失序」最終將轉變為「複雜」、「繁雜」，或兩者的組合）。

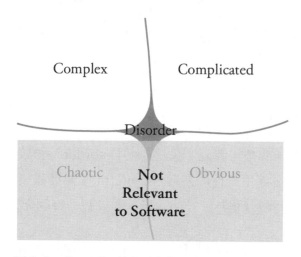

圖 3-2：**Cynefin** 的領域與軟體挑戰之間的關係。

考量到你在 Cynefin 框架中只有兩個領域可供選擇，那麼提出一個這樣的問題是很有用的：「如果我猜錯了專案的領域，該怎麼辦？」

如圖 3-3 所示，專案中的「不確定性」越大，「複雜」（敏捷）方法與「繁雜」（循序式）方法相比，「複雜」方法的優勢就越大。

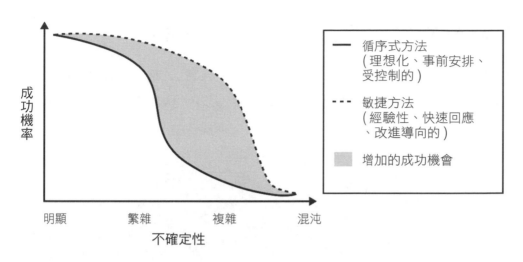

圖 3-3：循序式方法與敏捷方法在處理「不同類型的問題」時的成功機率。

如果你認為你的專案主要是「複雜」的，而事實證明它只是「繁雜」的，那麼你將花費時間進行不必要的探索和實驗。在這種情況下，猜測錯誤的明顯代價就是專案效率低落。然而這是有爭議的，因為你執行的實驗可能會增加你對專案的理解並改進你處理它的方式。

如果你認為你的專案大部分是「繁雜」的，而事實證明它主要是「複雜」的，那麼你將花費時間分析、計畫，而且可能已部分執行了一個你誤以為你理解的專案。在一個為期 6 個月的專案中，如果你在進入 1 個月後發現你的任務實際上有所不同，則可能需要完全重新啟動該專案。如果你在 6 個月的專案中已經進行了 5 個月，則該專案可能會被徹底取消。

「誤將專案視為複雜的」比「誤將專案視為繁雜的」後果要來得輕。因此，為了保險起見，請將專案視為「複雜」（Complex）專案，並請使用敏捷實踐；除非你絕對可以確定它是「繁雜」（Complicated）的，在這種情況下，循序式方法才是可以運作的。

3.2 在複雜專案上取得成功：OODA

OODA 是一個實用的模型，可用來處理「複雜」專案。如圖 3-4 所示，OODA 代表了 Observe（觀察）、Orient（定位）、Decide（決定）、Act（行動），通常被描述為「OODA 迴圈」。

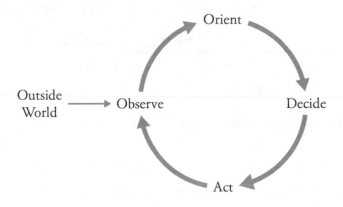

圖 3-4：基本的 **OODA** 迴圈包含從 **Observe**（觀察）開始的 **4** 個步驟。

OODA 源自於 Colonel John Boyd（美國空軍上校約翰·博伊德）對美國空軍空戰結果的不滿。他發明了 OODA 迴圈，以此來加速決策，比敵人更快速地做出決策，並使敵人的決策失效。OODA 是一種井然有序的方法（methodical approach），用於建立情境、制定計畫、執行工作、觀察結果，並將學習成果納入下一個週期（cycle）。

3.2.1 觀察

OODA 迴圈以「觀察」（Observe）開始。觀察目前的情況、觀察相關的外部資訊、觀察「正在展開的（逐漸浮現的）情況」的各個面向，並觀察情況「正在展開的面向」如何與「環境」相互作用。因為 OODA 非常強調觀察，所以你可以將 OODA 視為一種經驗（empirical）方法——一種專注於觀察和經驗（experience）的方法。

3.2.2　定位

在「定位」（Orient）步驟中，你將「觀察的結果」與「你的情況」連結起來。Boyd 表示，我們將它們與我們的『基因遺傳、文化傳統、以前的經驗及正在展開（正在變化）的環境』聯繫起來（Adolph, 2006）。更簡單地說，你決定了這些資訊之於你的意義，並決定了可能的回應。

「定位」步驟提供了機會，讓你可以「挑戰」你的假設、針對文化差異與公司文化所帶來的「盲點」進行調整，並於整體上消除資料和資訊中的「偏見」。當你進行「定位」時，你會根據你越來越多的理解來改變優先順序，這讓你得以意識到「其他人所忽略的細節」的重要性。Apple（蘋果）的 iPhone 就是一個典型的例子。無線通訊產業中的其他企業皆專注於相機百萬畫素、RF 訊號品質和電池壽命。然而 Apple 卻以一種完全不同的方式定位，專注於建立具有突破性 UX（使用者體驗）的手持資訊裝置。iPhonc 幾乎在所有方面都不如傳統手機，但這並不重要，因為 Apple 致力於解決一個不同但最終更為重要的問題。

3.2.3　決定

在「決定」（Decide）步驟中，你根據你在「定位」步驟中確定的選項做出決策。在軍事情境中，你經常要決定做一些破壞對手計畫的事情——這被稱為「滲透對手的 OODA 迴圈」。這有時可以解釋為「比你的對手更快地執行」，但更準確地說，它是以不同的速度執行。棒球投手在打者期待快速球時投出變化球（慢速球），透過更慢的操作有效地進入對手的 OODA 迴圈。另一種思考方式是讓你的對手進入你的賽局而不是他們的賽局（這就是 Apple 用 iPhone 所做的事）。

3.2.4 行動

最後,你透過執行決策來「行動」(Act)。然後你會跳回到「觀察」,這樣你就可以看到你的行動所造成的影響(即「正在展開(正在變化)的環境」),並再次開始另一個迴圈。

3.2.5 超越基本的 OODA

儘管基本的 OODA 迴圈看起來是一個線性循環,但完整的 OODA 迴圈具有隱含的指引(guidance)與控制(control),如圖 3-5 所示。

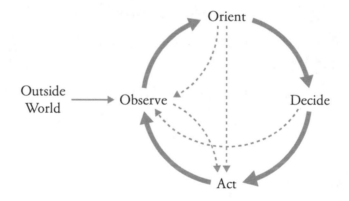

圖 3-5:完整的 **OODA** 迴圈。如虛線所示,任何步驟都可以直接走捷徑到「行動」(**Act**)步驟或返回到「觀察」(**Observe**)步驟。

你無需執行完整的 OODA 迴圈即可「把手從熱爐上移開」(譯註:快速反應);你可以直接從「觀察」移至「行動」。如果你在「觀察」或「定位」中遇到可識別的模式,你可以直接進入「行動」(就像是「下雨天我會選擇開車而不是走路」一樣)。

其他的決策方法可能需要你為了徹底執行而完成所有步驟,但 OODA 強調的是決策速度,這讓你能夠(在決策上)超越對手。

3.2.6　OODA 與循序式開發

當今公司正在解決的軟體問題具有許多相互交織的、逐漸湧現的特質，而「循序式方法」自然無法解決這類問題。敏捷實踐為這些問題提供了更好的解決方案，因為它具有更好的「風險管理」和更溫和的「失敗模式」。

OODA 與「循序式方法」（總結在表 3-1 中）之間的一個關鍵區別是 OODA 著重於觀察環境並對其做出反應，而「循序式方法」則著重於控制環境。

表 3-1：循序式方法和 OODA（敏捷）方法之間所關注的不同重點。

循序式方法	OODA（敏捷）方法
最初關注計畫	最初關注觀察
強調長期	強調短期
預測式	回應式
理想主義	經驗主義
將不確定性視為風險	將不確定性視為機會
控制導向	改進導向
可在繁雜問題上表現良好	可在複雜和繁雜問題上表現良好

「循序式方法」會進行大的事前計畫、大的預先設計等工作。而 OODA（敏捷）則是「即時地」執行其大部分工作，包括計畫、需求、設計與實作。敏捷開發不像循序式開發那樣會嘗試「預測」。「循序式方法」可以被視為更具「預測性」，而 OODA 則更具「反應性」。

循序式開發和敏捷開發都考慮著長期和短期的影響，但它們的著重點則是相反。循序式開發有一個長期的計畫，它適合「長期計畫中的短期工作」。敏捷開發則強調短期工作，它保持對長期計畫的認知，以便為短期工作提供足夠的背景資訊。

循序式開發將「不確定性」視為「風險」——即需要減少或排除的東西。OODA
則將「不確定性」視為「機會」——你可以利用它來獲得超越對手的優勢。

循序式開發和敏捷開發之間的整體差異可以總結為：前者使用計畫、預測和控
制，後者則使用觀察、回應和改進。

3.3　關鍵原則：檢查和調整

我發現「檢查和調整」（Inspect and Adapt）這個短語就是 OODA 核心概念
的縮影，這也是敏捷開發中一個適當、有效的關注點。敏捷團隊應該避免對他
們的實踐懷抱著理想主義，應該要根據「已證明有效的經驗性觀察」來調整他
們的實踐。敏捷團隊應該定期「檢查和調整」所有的一切——包括計畫、設計、
程式碼品質、測試、流程、團隊互動、組織互動等等——每一個可能影響團隊
效率的因素。未經「檢查」是不能進行「調整」的。「改變」應該基於「經驗」。

正如我們在上一章中看到的，每章最後的「建議的領導行動」小節都強調了這
一原則的價值。

建議的領導行動

》檢查

- 查看你目前的專案。你會將專案中的哪些元素視為「複雜」的？哪些
  元素視為「繁雜」的？

- 回顧最近遇到挑戰的專案。你的團隊將專案的重要部分視為「複雜」
  的，還是「繁雜」的？這些專案的任何挑戰是否可能源自將「複雜」
  專案錯誤地分類為「繁雜」專案（或是反過來）？

- 你的專案使用「檢查和調整」（Inspect and Adapt）的程度為何？你還可以在何時何地使用「檢查和調整」？

- 使用 OODA，請「觀察」你的「對手」是誰（具體的競爭對手、市場佔有狀況、利潤目標、官僚作風等等）。

- 「觀察」3 到 5 個「不確定性」區域，你或許可以利用這些區域獲得優勢，以戰勝對手。

≫ 調整

- 建立你組織中的專案清單，詳列哪些專案應被歸類為「複雜」（Complex）的而不是「繁雜」（Complicated）的。請與你的專案團隊合作，開始以這種方式（處理「複雜」專案的方式）對待它們。

- 以比你的對手更有優勢的方式使用「不確定性」領域，以此進行「定位」。

- 「決定」如何利用你對「不確定性」的洞察力，然後採取「行動」。

其他資源

- Snowden, David J. and Mary E. Boone. 2007. A Leader's Framework for Decision Making. *Harvard Business Review.* November 2007.

  這是一篇容易閱讀的 Cynefin 框架介紹，比我在本章中提供的描述更為詳細。

- Boehm, Barry W. 1988. A Spiral Model of Software Development and Enhancement. *IEEE Computer*, May 1988.

  從 Cynefin 的角度來看，本文提出了一種專案管理方法，其中每個專案最初都會被視為是「複雜」的。在充分了解專案的全部挑戰並將專案視為「繁雜」之前，要對問題進行詳細調查。這樣一來，該專案就可以被當作是一個循序式專案來完成。

- Adolph, Steve. 2006. What Lessons Can the Agile Community Learn from a Maverick Fighter Pilot? *Proceedings of the Agile 2006 Conference*.

  在敏捷特有的（Agile-specific，敏捷專屬的）情境中概述 OODA。

- Boyd, John R. 2007. *Patterns of Conflict*. January 2007.

  這是以 Colonel John Boyd 的簡報（briefing）為基礎的再創作（re-creation，二次創作 ）。

- Coram, Robert. 2002. *Boyd: The Fighter Pilot Who Changed the Art of War*.

  一本深入描繪 Colonel John Boyd 生平的傳記。

- Richards, Chet. 2004. *Certain to Win: The Strategy of John Boyd, Applied to Business*.

  這本書針對 OODA 的起源及其在業務決策制定中的應用做出了淺顯易懂的描述。

PART II

更有效的團隊

本書的 PART II（第二部分）描述了與「個人」（individual）有關的問題，以及如何將不同的個人組合成為「團隊」（team）。這裡描述了最常見的敏捷團隊結構：Scrum。接著，我們將討論一般的敏捷團隊、敏捷團隊文化、分佈於不同地理位置的團隊，以及支持有效敏捷工作的個人技能和溝通技巧。

如果你對特定的工作實踐比團隊動態更感興趣，請跳至「PART III：更有效的工作」。如果你對高階領導力問題更感興趣，請跳至「PART IV：更有效的組織」。

第 4 章

更有效的敏捷起點：Scrum

在我從事軟體產業 35 年（甚至更長）的時間裡，軟體產業的主要挑戰一直是避免「寫程式再修改（code-and-fix）的開發方式」——在沒有事先思考或計畫的情況下就編寫程式碼，然後再對它進行偵錯，直到可行為止。這種無效的開發模式導致團隊花費了一半以上的精力來修正他們先前建立的「缺陷」（defect）（McConnell, 2004）。

在 1980 和 1990 年代，開發人員會說他們正在進行結構化程式設計（structured programming），但實際上許多人在做的是「寫程式再修改」，卻錯過了結構化程式設計的所有好處。在 1990 和 2000 年代，開發人員會說他們正在進行物件導向程式設計（object-oriented programming），但許多人仍是「寫程式再修改」，並承受了後果。在 2000 和 2010 年代，開發人員和團隊宣稱他們正在進行「敏捷開發」，但是即使有數十年的歷史經驗在警告他們，許多人仍然繼續做著「寫程式再修改」的事。雖然外界不斷變化，人們卻始終保持不變！

敏捷開發所帶來的挑戰是，它確實是短期導向（short-term-oriented）以及以程式碼為中心的（code-focused），這使得更加難以判斷團隊是正在有效地使用敏捷開發實踐，還是正在進行「寫程式再修改」。一面貼滿便利貼的牆並不一定表示團隊正在採取「有組織且有效的方法」進行工作。循序式方法會因為僵化的官僚作風而失敗，敏捷方法也會因為無政府主義狀態而失敗。

「更有效的敏捷」還有一項重要任務，就是要避免「敏捷劇院」（Agile Theater）——即團隊會使用敏捷「化妝品」來掩蓋「寫程式再修改」的事實。

Scrum 正是一個很好的起點。

4.1 關鍵原則：從 Scrum 開始

如果你還未曾進行過敏捷實作，或者你的敏捷實作效果不如預期，那麼我建議你從頭開始。在敏捷中，這就是 Scrum。Scrum 是最常見的敏捷方法。它擁有最大的生態系統，包含許多書籍、培訓產品和工具，而且有證據顯示它很有效。David F. Rico 在綜合研究分析中發現，Scrum 實作的平均 ROI 為 580%（Rico, 2009）。《*State of Scrum 2017-2018*》指出，有 84% 的敏捷導入使用了 Scrum（Scrum Alliance, 2017）。

4.1.1 Scrum 是什麼？

Scrum 是一種輕量級但結構嚴謹且紀律嚴明的團隊「工作流程管理方法」（workflow management approach）。Scrum 並沒有規定具體的技術實踐。它定義了工作如何在團隊中執行，它還規定了一些特定角色以及團隊將使用的工作協調實踐。

4.1.2 Scrum 基礎知識

如果你熟悉 Scrum 的基礎知識，請隨意跳過本節，直接閱讀「第 4.2 節：Scrum 常見的失敗模式」，或者，如果你也熟悉失敗模式，可以直接閱讀「第 4.4 節：Scrum 的成功因素」。《*Scrum* 指南》（The Scrum Guide）（Schwaber, 2017）通常被認為是最具權威性的描述。我們公司在 Scrum 方面的經驗大致

上與《*Scrum* 指南》所述的相符，因此，以下敘述均遵循 2017 年 11 月版本的《*Scrum* 指南》，除非另有說明。

Scrum 通常被總結為：由一組規則綁定在一起的事件（也稱為會議或儀式）、角色和產出物（artifacts）。

從概念上來說，Scrum 從「產品待辦清單」（product backlog）開始，該待辦清單由「產品負責人」（Product Owner，Scrum 中負責「需求」的人）所建立。產品待辦清單是 Scrum 團隊可能交付的一組需求、進行中的需求、特性（feature）、功能（function）、故事（story）、功能增強（enhancement）和 bug 修復（fix）等等。產品待辦清單所提供的，並不是一個包括所有可能需求的完整清單，而是著重在最重要、最緊迫且提供最高 ROI（return on investment，投資報酬率）的那些需求。

Scrum 團隊以「Sprint」（衝刺）執行其工作，也就是以 1 到 4 週的時間進行迭代。1 到 3 週的 Sprint 通常效果最好。我們發現，隨著 Sprint 時間的延長，風險會增加，改進的機會也會受到限制。2 週的 Sprint 顯然是最常見的。

與「節奏」（cadence）相關的術語可能會有些令人困惑：

- 「Sprint」（衝刺）指的是開發的迭代週期（iteration，循環週期），標準上會以 1 到 3 週的節奏進行。

- 「部署」（deployment）是指將成品交付（delivery）給使用者或客戶，其時間範圍可以從線上環境中的以「小時」計算，到硬體設備中內嵌軟體的以「年」或更長的時間計算。無論交付是以小時、月或年為單位，開發工作都可以按 1 到 3 週的節奏來進行組織。

- 「發布」（release）的涵義因情境而異，但通常指的是比 Sprint 更大的工作範圍──更長的時間或更大的內聚功能（cohesive functionality）集合。

圖 4-1 總結了一個 Scrum 專案的工作流程。

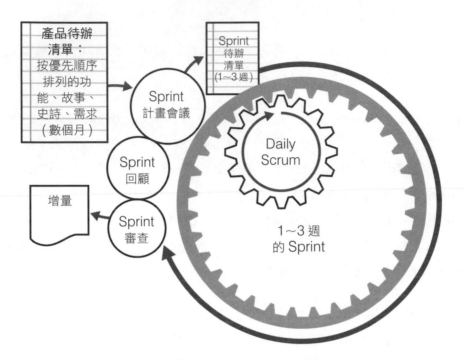

產品待辦
清單：
按優先順序
排列的功
能、故事、
史詩、需求
（數個月）

Sprint
待辦
清單
（1～3週）

Sprint
計畫會議

Sprint
回顧

Daily
Scrum

增量

Sprint
審查

1～3 週
的 Sprint

圖 4-1：Scrum 的工作流程示意圖。

每個 Sprint 都以「Sprint 計畫會議」（Sprint planning meeting）開始，在此期間，Scrum 團隊會審查「產品待辦清單」，選擇工作的一小部分放入「Sprint 待辦清單」，並承諾在 Sprint 結束之前交付「Sprint 待辦清單」中的項目，並制定進行 Sprint 所需的其他計畫。

團隊還定義了一個「Sprint 目標」（Sprint goal），簡明扼要地抓住了 Sprint 的重點。如果 Sprint 期間的工作發展讓團隊感到訝異，那麼「Sprint 目標」就可以為「在工作開始進行之後重新協商 Sprint 細節」提供一個原則性的基礎。

整個團隊在 Sprint 計畫期間進行設計，這是有效的，因為團隊是跨職能的（cross-functional），而且擁有做出良好設計決策所需的每一項技能。

團隊不會毫無準備地進入「Sprint 計畫會議」。團隊在「Sprint 計畫會議」之前會對需求和設計進行足夠詳細的精煉（refine），以此支持一場有效率的會議。

團隊在每個 Sprint 結束時交付的功能被稱為「增量」（increment）。在一般的討論中，「增量」僅指每個 Sprint 中交付的附加功能。然而，在 Scrum 中，「增量」指的是迄今為止開發的所有功能（the aggregate of functionality）。

在 Sprint 期間，「Sprint 待辦清單」被認為是一個封閉的盒子。在整個 Sprint 中都會對需求進行澄清，但除非產品負責人同意取消 Sprint 並重新開始這個循環，否則任何人都不能增加、刪除或修改會危及「Sprint 目標」的需求。實務上，很少有 Sprint 會被取消。當優先順序（priority）發生變化時，「Sprint 目標」和細節有時會因雙方同意而改變。

在 Sprint 期間，團隊會舉行「Daily Scrum」（也被稱為「每日站立會議」），除了 Sprint 的第一天和最後一天以外，每天都會舉行。時間限制為 15 分鐘，並專注於檢查「Sprint 目標」的進展情況，這個會議通常僅限於回答 3 個問題：

- 你昨天做了什麼？
- 你今天要做什麼？
- 什麼阻礙了進展？

除了這 3 個問題之外，任何討論通常都會被延後到「站立會議」之後，儘管有些團隊（在進行「站立會議」時）會使用更注重討論的方法。

目前的《Scrum 指南》已不再重視這 3 個問題的作用，但我認為它們提供了重要的結構，並有助於防止成效不佳的會議。

Scrum 團隊遵循著「Daily Scrum、每日工作、Daily Scrum、每日工作」的基本節奏，在整個 Sprint 期間不斷重複這個流程（rinse and repeat）。

團隊通常會使用如圖 4-2 所示的「Sprint 燃盡圖」（Sprint burndown chart）來追蹤每個 Sprint 期間的進度。

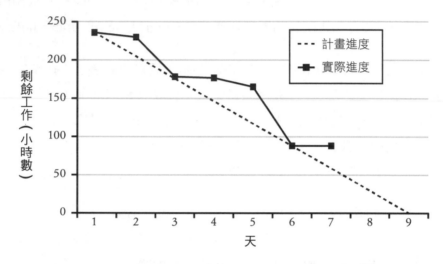

圖 4-2：「Sprint 燃盡圖」的範例，顯示「計畫的（預計的）剩餘時間」與「實際的剩餘時間」。「Sprint 燃盡圖」通常是基於任務時間（小時數），而不是故事點數。

「Sprint 燃盡圖」是基於任務估算的，顯示未完成任務所剩餘的小時數，而不是已完成任務所花費的小時數。如果一項任務原本計畫花費 8 小時，但實際上花費了 15 小時，那麼圖表會顯示剩餘工作僅減少了原計畫中的 8 小時。（這與「實獲值管理」（earned value management，EVM）本質上是一樣的。）如果團隊對 Sprint 的計畫是樂觀的，那麼「Sprint 燃盡圖」將顯示，剩餘的時間並不會像原本預期的那樣快速燃盡。

有些團隊會在每個 Sprint 中使用故事點數（story point）而不是小時數來追蹤進度。（故事點數是測量工作項目大小和複雜性的一種方法。）「Sprint 燃盡

圖」的目的是為了每天追蹤進度。如果團隊通常每天至少完成一個故事，那麼一個基於故事（story-based）的燃盡圖會顯示每天的進度，此時，使用故事來追蹤進度將是合適的。如果團隊通常每 2 到 3 天才完成一個故事，或者，如果團隊在 Sprint 結束時完成了大部分的故事，那麼故事將不會提供每天的進度追蹤，反之，小時數將是更有用的測量標準。

當組織重視長期的可預測性時，我們也會建議團隊使用「發布燃盡圖」（release burndown chart），以此追蹤目前發布的整體進度。「發布燃盡圖」通常會顯示此次發布所計畫的故事點數總數、迄今為止的進度，以及對發布完成時間的預測（圖 4-3）。

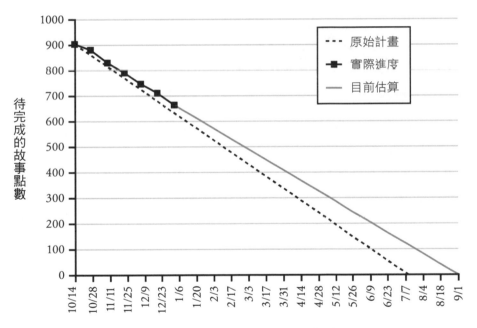

圖 4-3：一個標準「發布燃盡圖」的範例。

燃盡圖還能以更具資訊性和更詳細的方式呈現，例如向下燃盡圖（burndowns）
或向上燃盡圖（burnups，又譯燃起圖）。它們可以顯示此次發布的功能建置
歷史、功能減少歷程、預計完成日期的範圍等等。圖 4-4 是一個範例，展示了
一個更詳細的向上燃盡圖。

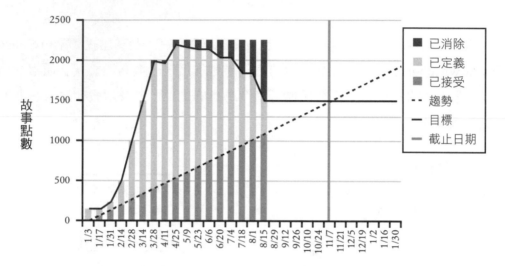

圖 4-4：一個更詳細的發布向上燃盡圖（**release burnup chart**）。

「第 20 章」將深入討論如何支持敏捷專案的「可預測性」。

在整個 Sprint 中，團隊保持著高品質的工作。到 Sprint 結束時，工作必須達
到「可發布」（releasable）的品質水準，滿足團隊的「完成定義」（Definition
of Done，本章稍後將介紹）。團隊不需要在每個 Sprint 結束時實際發布軟體，
但品質必須足以支援發布每個 Sprint 已實作的內容，最終無需進一步更改。

在 Sprint 結束時，Scrum 團隊會在被稱為「Sprint 審查」（Sprint review）
或「Sprint 展示」（Sprint demo）的會議上展示其工作的確實成果。團隊會
邀請專案的利害關係人分享觀點並提供回饋。產品負責人將根據商定的接受標
準以及利害關係人的回饋，來決定接受或拒絕各個項目，然而，這動作應該要

在「Sprint 審查」之前就已完善地解決。團隊使用「Sprint 審查」期間所獲得的回饋，來改進產品及其流程與實踐。

每個 Sprint 的最後一個事件是「Sprint 回顧」（Sprint retrospective），其中，團隊會回顧 Sprint 的成功和失敗。這是團隊使用「檢查和調整」（Inspect and Adapt）的機會，藉此改進團隊使用的軟體開發流程。團隊會檢視之前所做的更改，並決定是繼續進行每項更改還是將其撤銷。此外，團隊還可以一致同意，在下一個 Sprint 期間實作新的流程改善。

4.1.3 Scrum 角色

Scrum 定義了 3 個角色來支持專案工作流程（圖 4-5）。

產品負責人（Product Owner 或 PO）是 Scrum 團隊和業務管理層、客戶及其他利害關係人之間的橋梁（窗口）。產品負責人的主要職責包括：定義「產品待辦清單」、確定當中項目的優先順序，並以最大化「Scrum 團隊交付價值」的方式來定義產品。產品負責人定期與團隊一起完善「產品待辦清單」，使其除了目前的「Sprint 待辦清單」之外，還包含大約 2 個 Sprint 的待辦清單項目（已精煉，即經過完整定義的）。

Scrum Master 負責 Scrum 的實作。Scrum Master 幫助團隊和更大的組織理解 Scrum 理論、實踐和一般方法。Scrum Master 管理流程，在必要時強制執行流程、移除障礙，並指導和支援 Scrum 團隊的其他成員。Scrum Master 也可以是團隊中的技術貢獻者，只要分配了足夠的時間給他／她，讓他／她可以好好扮演 Scrum Master 的角色即可。

開發團隊（Development Team）由跨職能的個人貢獻者所組成，他們是直接實作待辦清單項目的人。

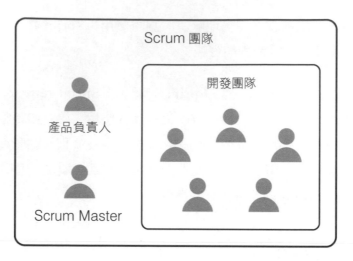

圖 4-5：**Scrum** 團隊的組織圖。**Scrum Master** 有時是開發團隊的一員，有時不是。[2]

一般來說，整個 Scrum 團隊會包括 3 到 9 位開發人員（開發團隊），以及 Scrum Master 和產品負責人。

請注意，Scrum 角色指的是「角色」（role）——它們不一定是職位。正如一位資深主管對我說過的：『我們的職位不是基於 Scrum 角色。我們不希望我們的人資單位（人資政策）依賴於我們的技術方法。』

4.2 Scrum 常見的失敗模式

我們公司所看過的「無效的 Scrum 實作」遠多於「有效的 Scrum 實作」。大多數無效的實作都是「Scrum-but」（「有 Scrum，但是」），意思是「我們

2　編註：這張圖是舊版 Scrum Guide 的分法。以前 Scrum Guide 裡面有 Scrum Team 和 Development Team，很容易混淆。在 2020 Scrum Guide 中，已經沒有 Development Team 了。Scrum 裡面只有 Scrum Team，其中包括 Scrum Master、Product Owner 與 Developers。讀者可以參考 2020 Scrum Guide 的第 5 頁。

正在做 Scrum，但我們沒有使用它的一些關鍵實踐。」例子包括：「我們正在做 Scrum，但我們沒有進行每日站立會議」，或是「我們正在做 Scrum，但我們沒有進行回顧」，或是「我們正在做 Scrum，但我們還沒有安排誰來擔任產品負責人的角色。」無效的 Scrum 實作通常至少會刪除一個 Scrum 基本屬性。以下是我認為最經典的例子：『我們研究了 Scrum，但發現大多數實踐在我們的組織中都行不通。我們正在做 Scrum，但我們使用的主要實踐是每日站立會議，而且只會在週五進行。』

與整體而言廣大的敏捷實踐不同，Scrum 是管理工作流程的最小流程。因為它已經是最小的了，所以確實不能刪除 Scrum 的任何部分還仍然期望獲得 Scrum 的好處。正如 Antoine de Saint-Exupery（安東尼 • 聖修伯里）所言：『達到完美，不是因為再也沒有東西可以增加，而是再也沒有東西可以拿掉了。』

如果你的組織已經採用了 Scrum，但你沒有意識到明顯的好處，那麼首先要問的問題是：「你真的採用了 Scrum 嗎？還是只採用了 Scrum 的一部分？」

一個進階的 Scrum 實作可能會透過嚴格地將「檢查和調整」（Inspect and Adapt）應用到他們的 Scrum 流程中，最終移除了 Scrum 的特定部分。但這是一項進階的活動，不是初學者該做的。如果初學者按照教科書的方式去採用 Scrum，他們會做得更好。在接下來的小節中，我們將看到 Scrum 實作中最常見的挑戰。

4.2.1 無效的產品負責人

在敏捷開發出現之前的那數十年裡，最常被回報的專案「挑戰」和「失敗」的來源是糟糕的「需求」。而在後敏捷（post-Agile）時代中，Scrum 專案中最有問題的角色往往是負責「需求」的角色，也就不足為奇了。

產品負責人（PO）的問題會以幾種形式出現：

- 沒有專職的 PO——這個角色由 Scrum 團隊中的成員擔任。

- PO 分身乏術——導致 Scrum 團隊一直在等待需求。一位 PO 可以支援 1 到 2 個團隊，很少會超過這個數量。

- PO 沒有充分了解業務——這會導致提供「低品質」的需求或「優先順序較低」的需求給 Scrum 團隊。

- PO 不了解如何具體說明軟體需求——這是另一種形式的「提供低品質的需求給 Scrum 團隊」。

- PO 不了解開發團隊的技術挑戰——而且沒有有效地把「技術導向的工作」的優先順序排好，或是強制執行「Just Get it Done（把事情完成就對了）的方法」，進而導致「技術債」的累積。

- PO 與 Scrum 團隊的其他成員不在同一地點工作——團隊的其他成員無法即時獲得「需求問題」的答案。

- PO 沒有足夠權限，無法做出產品決策。

- PO 的理念（agenda）與公司的不同——PO 將團隊帶往某個方向，而公司後來否決了此方向。

- PO 不代表典型使用者——例如，PO 是一位強勢使用者（Power User，重度使用者）而且太過於追求細節。

- PO 拒絕遵守 Scrum 規則——這會迫使「需求」在 Sprint 中期發生變化，或是干擾 Scrum 專案。

這些問題之所以會產生，是由於企業沒有像對待「開發團隊」和「Scrum Master」角色那樣認真重視「PO」這個角色。企業應將產品負責人視為 Scrum 團隊中最有影響力的角色，並相應地優先考慮填補這個角色。透過適當

的培訓，業務分析師、客服人員和測試人員都可以成為傑出的產品負責人。「第 14 章」將討論如何成為一位優秀的產品負責人。

4.2.2　產品待辦清單精煉不足

「產品待辦清單」被用來向 Scrum 開發團隊提供工作事項。產品負責人負責「產品待辦清單」，而待辦清單的「精煉」（refinement）必須是一項持續的活動，這樣團隊就不會處於工作飢餓狀態（等不到新的工作）。

「待辦清單精煉」有時也被稱為「待辦清單梳理」（backlog grooming），包括了：「認真詳細地充實故事，以支援故事的實作」、「把太大而無法放入一個 Sprint 的故事，拆分成更多個小故事」、「增加新的故事」、「更新不同待辦清單項目的相對優先順序」、「估算或重新估算故事」等等。一般來說，待辦清單精煉是為 Scrum 團隊提供在下一個 Sprint 開始實作的、待辦清單項目所需的細節。「就緒定義」（Definition of Ready）很有用，我們將在「第 13 章」中討論它。

待辦清單精煉「不足」可能會為 Scrum 團隊帶來許多問題。對於敏捷專案來說，完善的產品待辦清單是一個相當重要的議題，因此我們將在「第 13 章」和「第 14 章」中進行更詳細、更深入的討論。

待辦清單精煉表面上是整個團隊的活動。但是由於產品負責人負責「產品待辦清單」，所以如果一個專案落入了前述的「產品負責人這個角色不夠稱職」的陷阱，那麼該專案通常也會成為待辦清單精煉不佳的犧牲品。

4.2.3　故事太大

為了實現在每個 Sprint 結束時將工作推進到可發布狀態，故事應該在單一 Sprint 之內完成。這方面沒有任何硬性規定，但這裡有兩個實用的指導方針：

- 團隊應該分解它的故事，這樣在整個 Sprint 中，沒有任何一個故事會在一半的 Sprint 時間內，消耗超過一半的團隊（資源）；大多數的故事應該要更小。

- 團隊的目標應該是每個 Sprint 要完成 6 到 12 個故事（假設團隊規模是在建議的範圍內）。

整體目標是讓團隊在整個 Sprint 中完成所有的故事——不是趕在最後幾天完成，而是要在整個過程中持續完成。

4.2.4　沒有每天舉行 Daily Scrum

Daily Scrum 可能會變得日復一日（枯燥乏味），因此，有些團隊會演變成每週舉行 3 次——有時甚至每週只舉行 1 次。但是「每天」舉行 Daily Scrum 是很重要的，這樣才可以讓團隊成員有機會協調工作、尋求幫助，並相互要求負起責任（hold each other accountable）。

沒有每天舉行 Daily Scrum，我們最常聽到的原因是「會議時間太長」。這的確是一個問題！會議時間應該限制在 15 分鐘內。我們應該要專注在「3 個問題」上，而這些問題是能夠在這段有限時間內完成的。解決 Daily Scrum 過長的方法並不是減少會議次數，而是要讓會議有時間限制，並專注於「3 個問題」。本章稍後將提供更多有關 Daily Scrum 的詳細資訊。

4.2.5 Sprint 過長

目前的最佳實踐是 1 到 3 週的 Sprint，而大多數團隊傾向於 2 週。當 Sprint 超過 3 週時，會有更高的機率出現計畫錯誤、過於樂觀的 Sprint 承諾、拖延等等問題。

4.2.6 強調水平切片而不是垂直切片

所謂的「垂直切片」（vertical slice），指的是跨整個技術堆疊的「端到端功能」（end-to-end functionality，即完整功能）。所謂的「水平切片」（horizontal slice），指的是不會直接產生「可展示的業務層級功能」的賦能能力（enabling capability，即支持功能）。以垂直切片的方式執行工作，將能支援更緊密的回饋迴圈，並能更早地交付商業價值。水平切片與垂直切片的比較是一個重要的議題，在「第 9 章」會有更詳細的討論。

4.2.7 各自獨立的開發團隊和測試團隊

循序式開發有一個常見陋習（holdover），那就是各自獨立的開發團隊和測試團隊。這種結構剝奪了 Scrum 團隊有效運作所需的跨職能專業知識。

4.2.8 不明確的完成定義

要保持高品質的一個重要元素是嚴格的「完成定義」（Definition of Done，在敏捷討論中通常使用縮寫 DoD）。這有助於確保在個人或團隊宣布某個項目「完成」時，團隊和組織可以真正確定該項目不再有剩餘工作了。DoD 實際上定義了工作必須達到的標準，當標準滿足時，才能將產品發布到生產線，或是進入下一個下游整合或測試階段。這在「第 11 章」中有更詳細的討論。

4.2.9 每個 Sprint 都沒有達到可發布的品質水準

進度壓力過大的後果之一是團隊和個人會將「進度表象」置於「實際進度」之上。由於品質不像基本功能那樣容易被看見，因此，處於壓力之下的團隊有時會強調「數量」（quantity）而不是「品質」（quality）。他們可能會實作產品待辦清單中所包含的功能，卻沒有執行測試、建立自動化測試，或是以其他方式確保軟體已開發到可發布的品質水準。這會導致工作雖被宣布為「完成」，但某些任務仍未完成。

我們發現，更成功的敏捷團隊不會等待 Sprint 結束才實現可發布的品質：他們會讓每個故事達到可發布（可生產）的品質水準，然後才進行下一個。

4.2.10 沒有舉行回顧

當團隊對他們負責的工作量感到不知所措時，他們通常會跳過「回顧會議」。這是一個嚴重的錯誤！「過度承諾」和「精疲力盡」的惡性循環將持續下去，除非你讓自己有機會從最初導致這個循環的「計畫」和「承諾」錯誤中學習。

敏捷開發依賴於「檢查和調整」的循環，而 Scrum 為你的團隊定期提供這樣做的機會。

4.2.11 從回顧中得到的經驗教訓，沒有實作在下一個 Sprint 中

我們最常看到的終極失敗模式，是雖然進行了 Sprint 回顧，但實際上並沒有在下一個 Sprint 中實作經驗教訓（lessons learned）。經驗教訓通常會累積到「以後」才實作，而回顧會變成一場抱怨會議，不是一場真正專注於修正並採取行動的會議。

請不要再與問題共存了——對它們做點什麼吧。我們所看到的、會影響團隊交付能力的大多數問題，都可以由團隊自己解決。透過回顧來支持你的團隊採取糾正措施，你會驚訝於他們的改進速度。「第 19 章」將更詳細地討論「回顧」。

4.2.12 「Scrum 和……」

你只需要 Scrum 就可以開始了。有些團隊試圖增加一些不必要的額外實踐。與我們合作過的一家公司告訴我們：『我們在第一個使用 Scrum 的團隊中取得了成功，但在那之後，我們再也找不到另一個團隊了，不是不願意進行配對寫程式，就是無法在我們的遺留環境中弄清楚如何進行持續整合。』Scrum 既不需要「配對寫程式」（pair programming），也不需要「持續整合」（continuous integration）。在該組織意識到其團隊可以在不採用配對寫程式或持續整合的情況下採用 Scrum 之後，才終於擴展了對 Scrum 的運用。

4.2.13 無效的 Scrum Master

能夠避免上述這些失敗模式的最主要負責人是 Scrum Master。Scrum Master 的問題與產品負責人的一些問題很相似：

- 沒有專職的 Scrum Master——團隊在沒有確定 Scrum Master 的情況下應用 Scrum。
- Scrum Master 分身乏術，同時支援了太多團隊。
- 身兼 Scrum Master 和開發人員角色的 Scrum Master，他認為個人開發工作應優先於 Scrum 工作。
- Scrum Master 對 Scrum 的理解不足以指導團隊和其他專案利害關係人。

Scrum Master 對於「有效的 Scrum 實作」來說非常重要，這似乎是很明顯的，但我們經常看到組織弱化了這個角色。一位稱職的 Scrum Master 可以避免本節中描述的許多問題。

4.3 Scrum 失敗模式的共同點

我剛剛描述的失敗模式都是「Scrum-but」主題的變形。對於採用敏捷開發的團隊或組織而言，首要任務是確保循規蹈矩地使用 Scrum。

在這些失敗模式中，大多數都有另一個共同點：未能永遠一致地使用高紀律（high-discipline）實踐。除非有適當的社會化或結構化支援來確保這種實踐發生，否則人們往往會偏離高紀律實踐。

Scrum Master 負責確保團隊使用 Scrum 中的高紀律實踐（以及其他實踐）。Scrum 中的會議 —— Sprint 計畫會議、Daily Scrum（每日站立會議）、Sprint 審查（review）和 Sprint 回顧（retrospective）——為高紀律實踐提供了社會化和結構化的支援。

4.4 Scrum 的成功因素

每一種失敗模式都可以轉換為一種成功因素，表列如下：

* 擁有一位有效（effective）的產品負責人
* 精煉待辦清單
* 讓故事保持小巧
* 每天舉行 Daily Scrum
* 將 Sprint 限制為 1 到 3 週

- 將工作組織成垂直切片
- 將測試、測試人員和 QA 整合到開發團隊中
- 建立一個明確的完成定義（DoD）
- 推動每個 Sprint 達到可發布的品質水準
- 每個 Sprint 都舉行回顧會議
- 將每次回顧會議中得到的經驗教訓盡快應用出來
- 擁有一位有效的 Scrum Master

我們將在後面的章節中提供更多有關這些主題的詳細資訊。

4.5　一個成功的 Sprint

一個成功的 Sprint 會支持 Scrum 的主要目標，即交付具有最高價值的產品。在 Sprint 的層級，這包括了以下內容：

- Sprint 交付了一個完全符合「完成定義」的、可使用的、有價值的產品增量（increment，即累積功能）。
- 與前一個 Sprint 相比，Sprint 的增量價值增加了。
- 與前一個 Sprint 相比，Scrum 團隊改善了其流程。
- Scrum 團隊了解自己、業務、產品或客戶（即學到了一些新東西）。
- Scrum 團隊的積極性與上一個 Sprint 結束時一樣好或更好。

4.6 典型 Sprint 的時間分配

本章討論了 Scrum 中發生的所有活動,我們很容易得出以下結論:在 Scrum 中的軟體開發並不多。表 4-1 為一代表性範例,顯示了如何為 Scrum 團隊中的開發人員在為期 2 週的 Sprint 中分配工作量。

表 4-1:**Sprint** 期間的工作量分配範例。

Sprint 計畫參數	
Sprint 持續時間(工作天)	10
每天的理想小時數(專注在專案上的小時數)	× 6
每個開發人員在每個 Sprint 總共的理想小時數	= 60
每個開發人員在每個 **Sprint** 的 **Scrum** 活動	小時
開發工作,包括測試	48
Daily Scrum(站立會議)	2
產品待辦清單精煉(5%)	3
Sprint 計畫	4
Sprint 審查	2
Sprint 回顧	1
總計	**60**

在表 4-1 中,「理想小時數」(ideal hours)是指專注在專案上的小時數(扣除公司例行事務後可用的時間)。對於大型、成熟的公司來說,常見的理想小時數是每天 5 到 6 小時。小公司平均擁有 6 到 7 小時的理想小時數,而新創公司的平均小時數有時會更長。

在每個 Sprint 可用的 60 個理想小時數中,約 20% 可用於計畫和流程改善,約 80% 可用於開發工作。

4.7 過渡到 Scrum 的問題

團隊需要學習如何解決實際的實作問題——分佈於不同地理位置、遺留系統、產品支援、填補（扮演）新角色的挑戰等等。

在最初的 Scrum 實作過程中，團隊可以感覺到速度正在放慢。實際上，團隊更快地遇到了原本應該更頻繁地進行的工作（過去在循序式專案中，那些往往被堆積到最後的工作，或是那些不可見的工作）。隨著團隊逐漸變得更加熟練，大家會感覺到速度正在加快。

4.8 Scrum 計分卡

為了評估 Scrum 實作的忠誠度（fidelity），我們發現，根據最重要的 Scrum 成功因素對 Scrum 專案進行評分是很有用的。圖 4-6 展示了「第 1 章」介紹的 Scrum 星狀圖範例（star diagram，也被稱作雷達圖或蜘蛛圖）。

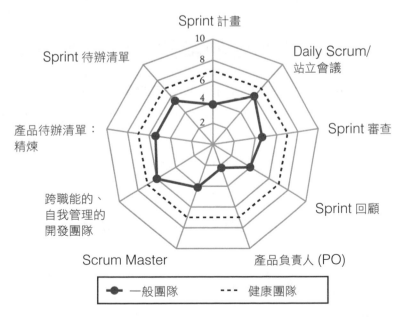

圖 4-6：這是一個診斷工具，根據最重要的 **Scrum** 成功因素，來展示 **Scrum** 團隊的績效（表現）。

這張圖使用了以下的計分方式：

- 0：未使用

- 2：使用不頻繁且無效

- 4：偶爾使用，效果好壞參半

- 7：持續有效地使用

- 10：最佳化

灰線（實線）表示自 2010 年以來，我們公司透過諮詢與培訓，對 1,000 多個 Scrum 團隊所進行的平均調查結果，且偏向於我們在過去兩年中觀察到的情況。

虛線顯示了一個健康的團隊。正如我之前提到的，我們看到的一般的 Scrum 團隊並沒有很好地利用 Scrum！一個健康、有效的 Scrum 團隊會在所有成功因素上都得到 7 分或更高的分數。

4.9 在 Scrum 中檢查和調整：Daily Scrum

隨著時間的進展，一個有效的團隊將「檢查和調整」（Inspect and Adapt）他們的 Scrum 實作。最初的實作應該是按表操課的，並根據實地經驗進行調整。

團隊最常自訂的部分是 Daily Scrum（每日站立會議），這可能是因為它進行得最頻繁，而且提供了最頻繁的反思和改進機會。

我們看到團隊以多種方式自訂所謂的 3 個問題。以下是團隊改變第 1 個問題的一些方式：

- 你昨天做了什麼？（標準問題）

- 你昨天達成（accomplish）了什麼？

- 你昨天根據 DoD 完成（complete）了什麼？

- 昨天你是如何「朝著 Sprint 目標取得進展」的？

- 昨天你是如何「推進 Sprint 計畫」的？

團隊會改良 Daily Scrum 的執行方式。有一些團隊會把 3 個問題放在螢幕上，以免會議偏離主軸；有一些團隊會使用談話棒（talking stick，又譯發言權杖）來限制偏離軌道的討論；有一些團隊會從 3 個問題轉向更著重於討論的方法。只要團隊監控每一項更改是否會帶來改進，那麼這樣的更改就是健康的。

4.10 其他注意事項

敏捷開發的一個特點是有許多「具有特別名號的實踐」不斷地增加。每種做法都是由一位聰明的顧問或從業者發明的，而且每種做法至少在一個組織中，至少有一次運作良好。每個實踐都有其擁護者。

本書將重點放在許多組織中廣泛使用且確實有效的實踐。從本章開始，「其他注意事項」小節將會描述一些你可能聽過的實踐，但根據我公司的經驗，這些實踐並未達到經過驗證的、廣泛適用的有效水準。

4.10.1 極限程式設計

敏捷開發最初的焦點大部分被放在「極限程式設計」（Extreme Programming，XP）之上（Beck, 2000）（Beck, 2005），它是一組體現早期敏捷原則的、特定的技術實踐、流程與紀律。正如所宣傳的那樣，早期對 XP 的關注是極端的（extreme），但長期使用 XP 作為一種整體開發方法並沒有成功。當第一版的 XP 問世時，它被描述為需要完整使用全部 12 種實踐，但即使是在當時被吹捧為範例的專案，也只使用了大約一半的實踐而已（Grenning, 2001）（Schuh, 2001）（Poole, 2001）。

自 2000 年代初期以來，對「完整使用 XP」的強調已經減弱許多。XP 今天的貢獻是作為現代敏捷開發不可或缺的技術實踐的來源，包括持續整合、重構、測試驅動開發和持續測試。

4.10.2　Kanban

Kanban（看板）是一個被用來在「開發工作的各個階段」進行調度和管理工作的系統。Kanban 強調把工作拉動（pull）到後期階段，而不是從前期階段推動（push）它。Kanban 支援工作視覺化、減少 WIP（work in progress，在製品），以及最大化流經一個系統的流量（flow）等事務。

就 Cynefin 框架而言，Kanban 適合用於「優先順序和產出量是主要考量」的「繁雜」（Complicated）工作，而 Scrum 更適合用於「複雜」（Complex）工作，因為它專注於使用小巧、迭代的步驟來實現整體目標。兩者都可以成為流程改善的良好基礎。

Kanban 比 Scrum 更適合小型團隊（1 到 4 人），或是更適合生產導向而非專案導向的工作。

隨著敏捷實踐的使用日漸成熟，Scrum 團隊經常將 Kanban 納入他們的 Scrum 實作當中，有些組織已經成功地使用 Kanban 作為更大規模的專案組合管理工具（project portfolio management tool）。

有一些團體和團隊已經成功地運用 Kanban 開始了他們的敏捷實作。但 Scrum 還是更為結構化、更具規範性、更加團隊導向的，因此它通常是開始敏捷開發的最有用起點。

「第 19 章」將更詳細地描述 Kanban。

建議的領導行動

❯❯ 檢查

- 與你的團隊面談，了解他們使用 Scrum 的情況。讓他們根據 Scrum 計分卡為自己打分數。他們使用 Scrum 的效率如何？

- 與你的主要團隊成員一起審查本章中的 Scrum 失敗模式，並確定需要改進的地方。

- 審查團隊中 Scrum Master 這個角色的人員安排。你的 Scrum Master 是否有效地協助你的團隊執行 Scrum 實踐，包括與 Scrum 失敗模式相關的高紀律實踐？

❯❯ 調整

- 堅持讓你的團隊按部就班地使用 Scrum ——除非他們向你展示一個量化的、可測量的基礎（依據），讓他們可以用不同的方式做事情。（「第 19 章」將更詳細地介紹測量（measure）敏捷流程改善的方法。）

- 如果你的 Scrum Master 無法勝任工作，請培訓他們或把他們換掉。

其他資源

- Schwaber, Ken and Jeff Sutherland. 2017. *The Scrum Guide: The Definitive Guide to Scrum: The Rules of the Game*. 2017.

  這份簡潔的《*Scrum* 指南》被許多人認為是最具權威性的描述。

- Rubin, Kenneth, 2012. *Essential Scrum: A Practical Guide to the Most Popular Agile Process*.

  這是一本全面的 Scrum 指南，探討了許多與 Scrum 實作有關的常見問題。（編註：博碩文化出版繁體中文版《*Essential Scrum* 中文版：敏捷開發經典》。）

- Lacey, Mitch, 2016. *The Scrum Field Guide: Agile Advice for Your First Year and Beyond, 2d Ed*.

  這本 Scrum 實作指南關注的是 Scrum 實作中出現的具體實際問題（nuts-and-bolts practical issues）。

- Cohn, Mike. 2010. *Succeeding with Agile: Software Development Using Scrum*.

  除了上述兩本書之外（Rubin, 2012）（Lacey, 2016），本書也是另一個很好的選擇。（編註：博碩文化出版繁體中文版。）

- Sutherland, Jeff, 2014. *Scrum: The Art of Doing Twice the Work in Half the Time*.

  這本業務導向的書籍（即商管書）介紹了 Scrum 的故事。

- Stuart, Jenny, et al. "Six Things Every Software Executive Should Know about Scrum." Construx White Paper, July 2018.

  這是針對高階管理者的 Scrum 簡短概述。

- Stuart, Jenny, et al. "Staffing Scrum Roles," Construx White Paper, August 2017.

  本文描述了在安排（扮演）Scrum 角色時會遇到的常見問題。

第 5 章

更有效的敏捷團隊結構

在敏捷開發中，生產力的基本單位是「團隊」——不是高績效的個人，而是高績效的團隊。這是一個關鍵的概念。我們看到許多組織從一開始就破壞了他們的敏捷實作，因為他們不了解敏捷團隊需要什麼才能取得成功，也沒有以「團隊需要的方式」支持他們。

本章討論與敏捷團隊相關的結構問題，下一章則描述敏捷團隊文化。

5.1　關鍵原則：建立跨職能團隊

2018 年的《*Accelerate: State of DevOps*》報告指出：『高績效團隊（high-performing teams）比較有可能在單一的跨職能團隊（cross-functional team）中開發和交付軟體，其可能性多達兩倍……我們發現，與菁英表現者（elite performers）相比，低績效表現者（low performers）比較有可能在各自分開的孤立團隊（siloed teams）中開發和交付軟體，其可能性多達兩倍』（DORA，2018）。[3]

3　編註：可參閱 https://services.google.com/fh/files/misc/state-of-devops-2018.pdf 第 48、49、50 頁投影片。

一個有效的敏捷團隊包括了在獨立工作方面所需的職能（function）或紀律（discipline）（即很大程度上是自我管理的）。對於 Cynefin「複雜」（Complex）領域中的工作來說，團隊的大部分工作將包括『探索・感知・回應』。如果團隊每次探索或感知時都必須「走出去」，它就沒有即時回應的能力。團隊必須能夠自行決定其大部分工作，包括有關產品細節（需求）、技術細節和流程細節的決策。編寫產線程式碼的大部分人員還應該建立大量的自動化測試程式碼並整理需求細節。這樣的團隊可以在「複雜」的環境中快速前進，並且令人信任地支援著業務需求。

一個自我管理（self-managed）的跨職能團隊通常至少需要具備以下專業：

- 來自應用程式不同層級（前端、後端等）並具有不同專業知識（架構、使用者體驗、安全性等）的開發人員

- 來自應用程式不同層級的測試人員

- 技術文件撰寫人員

- 正在使用的開發流程的「專家」（Scrum Master）

- 主題專家（subject matter expert，SME）

- 為團隊帶來業務理解、願景和 ROI（投資報酬率）的「業務專家」（產品負責人）

要組合出一支擁有所需全套技能的團隊，並同時將團隊的規模保持在建議的 5 到 9 人之內，這是非常困難的。相同的一群人需要扮演多個角色，且大多數組織需要幫助員工培養額外的技能。「第 8 章」描述了這樣做的實踐做法。

除了技能之外，一個高功能性的跨職能團隊還必須具備即時做出「具有約束力的決策」的「能力」（ability）和「權力」（authority）。

5.1.1 決策能力

決策能力在很大程度上會受到團隊組成的影響。團隊是否具有做出有效決策所需的所有專業知識？團隊是否包括架構、品質、可使用性、產品、客戶和業務方面的專業知識？還是必須在團隊之外才能找到這些領域的專業知識？

在這些領域上缺乏專業知識的團隊將無法成為有效的跨職能團隊。團隊經常會遇到他們沒有專業知識但需要做出決策的狀況。這時候，它會需要與組織內的其他部門聯繫以獲取該專業知識。這會造成許多的「延遲」。團隊並不一定知道該聯繫誰，而且需要時間來確定合適的人。另一方面，外部人員也未必能夠提供即時協助。儘管找到適合的外部人員，向該員描述團隊的背景是需要時間的。如果團隊需要對該外部人員的意見做出回饋，那麼該回饋可能也會受到許多相同的「延遲」影響。團隊和外部人員都會做出某些前提假設，其中有一些會被證明是錯誤的，而這些錯誤將需要更多的時間來發現和糾正。

每個團隊偶爾都需要向外部求援，但如果一個團隊在其內部包含大多數決策所需的專業知識，它就可以在幾分鐘內解決問題，而如果專業知識不存在於團隊內部，這將需要耗時幾天的時間。因此我們應該要建立這樣的團隊：一個可以自己解決更多問題的團隊。

一個 5 到 9 人的團隊不可能擁有無限多位專家。一種常見的調整做法是每次派遣 UX 或架構等領域的「非全職（less-than-full-time）專家」支援幾個 Sprint。

是否願意為敏捷團隊配備「在內部做出大部分決策所需的專業知識」，這是敏捷實作的成敗關鍵。

5.1.2　在所屬範圍內做出決策的權力

做出決策的權力,某部分來自於團隊代表的所有關鍵利害關係人,某部分則來自於組織的適當授權。為了使團隊有效率(有成效),團隊需要具備做出「具有約束力的決策」(binding decisions)的能力——即組織中的其他人無法撤銷的決策。

缺乏足夠的權力會導致一些變動性(dynamics),產生不良後果:

- 團隊將花費太多時間來修改組織中其他人推翻的決策。

- 團隊會以「過度謹慎」的速度運作,起因是不斷地回頭看,擔心著既有決策被事後檢討或推翻。

- 團隊在尋求組織中其他人的決策批准時,將必須增加「等待狀態」(wait state)的時間。

「權力」和「能力」必須一併考量。如果一個組織沒有創造讓團隊有「能力」做出決策的環境,那麼組織授予做出決策的「權力」將是無效的。如果團隊真正代表了所有利害關係人的利益,那麼任何決策都必須考慮到所有的觀點。這並不表示團隊永遠不會犯錯。這表示團隊擁有一個良好的決策基礎,而組織的其他成員也擁有一個良好的基礎,來信任團隊的決策。

組織若不願意將「權力」託付給團隊,讓他們做出「具有約束力的決策」,這將成為敏捷團隊和敏捷實作的「致命一擊」(the kiss of death,直譯為「死亡之吻」,隱喻「注定失敗或變糟糕的、具有破壞性影響的事情」)。

5.1.3　建立自我管理的團隊

真正自我管理的團隊不能只是實體化的(instantiated,即有樣學樣、依樣畫葫蘆的);他們必須成長。團隊永遠無法在第一天就準備就緒、進行著自我管

理。領導者的工作是要了解團隊的成熟度，並提供領導（leadership）、管理（management）和指導（coaching），來幫助團隊培養自我管理的能力。

5.1.4 錯誤的作用

與任何其他類型的團隊一樣，自我管理的敏捷團隊也會犯錯。如果組織建立了有效的學習文化，那就沒問題了。一方面，團隊能夠從錯誤中記取教訓並改進；另一方面，知道「組織信任團隊並能接納其犯錯」，也是一個強大的動力。

5.2 測試人員的組織

在我的整個職業生涯中，測試人員的組織一直在不斷變化。曾幾何時，測試人員被整合到開發團隊中並向開發經理報告。這被發現是有問題的，因為開發經理會向測試人員施加壓力：『不要發現這麼多缺陷』——這反而會造成「讓客戶發現這些缺陷」的窘況。

在那個階段之後的幾年裡，測試人員被分到屬於他們自己的小組，經常身處於不同的區域，而且不再向開發經理報告。他們透過不同的回報結構（reporting structure）進行報告，這種結構通常不會與開發人員的回報結構相同，直到總監或副總裁的層級為止。這種結構產生了新的問題，包括開發與測試之間的「對立關係」。「測試人員就是守門員」的心態加劇了這種對立，在這種心態中，測試人員或明或暗地有責任阻止低品質的發布。開發與測試之間「責任」的分離創造了一種變動性，在這種變動性中，開發人員放棄了測試自己程式碼的責任。

再演進到下一個階段，測試人員持續單獨地進行報告，但卻是與開發人員坐在一起，以便支持更好的協作關係。開發人員會提供「私有建置」（private build）給測試人員進行測試，而測試人員會編寫「測試案例」（test case）並

與開發人員共享，開發人員將針對「測試案例」執行他們的程式碼，並在他們正式簽入（check in）程式碼之前修復許多缺陷。這種安排在當時的情況下效果很好，能夠最小化「缺陷插入」（defect insertion）和「缺陷偵測」（defect detection）之間的差距。

5.3 關鍵原則：將測試人員整合到開發團隊中

如今有兩個因素影響著「測試組織」的做法：「敏捷開發」的崛起以及「自動化測試」的興起。

敏捷開發強調開發人員必須測試他們自己的工作，這是一個積極且重要的步驟，可以最小化「缺陷插入」和「缺陷偵測」之間的差距（gap）。不幸的是，這導致有一些組織完全取消了測試之專業化。顯然的，這個步驟是錯誤的。軟體測試是一個非常深奧的知識領域。在不了解「基本的測試概念」的情況下，大多數開發人員會專注於測試工具，但不會應用基本的測試實踐做法，更不用說是進階的實踐做法了。

測試專家仍然有幾個角色可以發揮：

- 對「測試自動化」負主要責任

- 建立和維護更複雜的測試類型，例如壓力測試、效能測試、負載測試等等

- 應用比開發人員所做的還要更複雜的測試實踐，例如輸入領域覆蓋率（input domain coverage）、等價類別分析（equivalence class analysis）、邊界值覆蓋率（boundary value coverage）、狀態圖覆蓋率（state chart coverage）、風險測試（risk-based testing）等等

- 建立「開發人員在測試自己的程式碼時」因為自身盲點而無法建立的測試

雖然「開發人員測試」是敏捷開發的「測試」基礎，但測試專家仍然可以貢獻價值。在不再具有測試人員角色的組織中，我們看到以前歸類為測試人員的工作人員主要專注於整合測試、負載測試和其他橫切（cross-cutting）類型的測試。我們還看到他們比那些「更為開發導向的團隊成員」承擔著更高比例的測試自動化工作。敏捷俚語「三個好朋友」（Three Amigos）中，「測試」就是三個好朋友之一（另外還有「開發」和「業務」）。組織結構圖可能無法正式承認測試專家，但實際上他們仍然存在。這是對測試專家所貢獻價值的隱含認可。

正如本章所討論的，有效的敏捷開發取決於建立跨職能團隊，其中包括了測試。在整個軟體開發和交付過程中，測試人員應該與開發人員並肩工作。

5.4　產線支援的組織方式

在與我們合作過的公司當中，我想不起有哪家公司對於「產線支援」（production support）的組織方式感到 100% 滿意。這些公司或多或少嘗試著以下模式：

- 建置系統的人員負責提供所有的產線支援

- 一個單獨的團隊負責提供所有的產線支援

- 一個單獨的團隊負責提供一級和二級支援；工程組織負責支援第三級問題

最後一種做法是最常見的，並有多種形式。第一種形式是由「單獨的支援團隊」提供第三級支援（這比第一級和第二級支援團隊更具技術性）。該團隊的主要職責是產線支援。另一種提供三級支援的形式則是由「最初建置系統的員工」負責，即使他們大部分時間已經轉換到其他系統上工作。

對於那些將「向上呈報的支援問題」（escalated support issues）作為次要職責來處理的開發團隊來說（也就是說，他們正在支援他們以前工作過的系統），「支援」會以多種形式呈現：

- 「向上呈報的支援問題」在到達時，會以依序輪流（round-robin）的方式分配給每個團隊成員。

- 「向上呈報的支援問題」均由一名團隊成員處理；這個責任會每天或每週輪換一次。

- 「向上呈報的支援問題」會被分配給最有資格（最有能力）解決該問題的團隊成員。

隨著時間的進展，大多數公司都會嘗試其中的幾種模式，並得出結論，認為「沒有一種模式是完全沒有問題的」。而目標是找到「跳蚤最少的狗狗」（the dog with the fewest fleas，即「問題最少的解決方案」），而不是希望找到完美的解決方案。

5.4.1 Scrum 團隊的產線支援

就敏捷開發特有的產線支援議題而言，挑戰在於要在「不中斷 Scrum 的 Sprint」的情況下處理支援問題。團隊需要預測和計畫他們將花費在「向上呈報的支援問題」上的時間。以下是一些指導方針。

1：將「支援時間」規劃進 Sprint 中。如果產線支援佔團隊持續工作的 20%，那麼 Sprint 計畫應該假設只有 80% 的時間可用於與 Sprint 相關的工作。

2：為「允許中斷 Sprint 的工作類型」設置策略。區分那些可以進入產品待辦清單以供未來 Sprint 使用的「常規工作」（regular work）以及那些既緊急又重要且足夠影響 Sprint 的「問題」（issues）。一個明確的定義是最有用的，例如允許「優先順序 1 級、嚴重性 1 級、與 SLA 相關的缺陷」優先於 Sprint 目標。

3：使用「回顧」來完善產線支援計畫。基於速度的 Sprint 計畫和 Sprint 回顧可以幫助團隊測量每個 Sprint 針對「該項工作」應該允許的時間量。當團隊審查「他們實現其 Sprint 目標中所遇到的挑戰」時，他們應該審查「分配給產線支援的時間量」與「實際花費的時間量」，並相應地制定未來計畫。

4：允許「產線支援結構會因團隊而異」的事實。不同的團隊會有著不同數量的「向上呈報的問題」，他們正在做的「新工作」的優先順序和緊迫性也會有所不同，此外，團隊成員在處理「舊系統」支援問題這方面，也具有不同水準的經驗和能力。所有這些因素顯示，不同的團隊會以不同的方式最佳地處理支援問題。

5.5 有如黑盒子的敏捷團隊

Scrum 的敏捷實踐明確地將 Scrum 團隊視為「黑盒子」（black box）。如果你是組織負責人，你可以檢視團隊的輸入和輸出，但你不應該過於關心團隊的內部運作。

在 Scrum 中，這個想法是透過說明團隊「在每個 Sprint 開始時」所承擔的工作量（Sprint 目標）來實現的。團隊承諾「在 Sprint 結束時」交付工作——無論過程如何。然後，在 Sprint 期間，團隊會被視為一個黑盒子——沒有人可以看到裡面，也沒有人可以在 Sprint 期間將更多的工作放入盒子中。在 Sprint 結束時，團隊交付它在開始時承諾的功能。Sprint 時間很短，這表示主管不必等待很長的時間來檢查團隊是否履行了承諾。

這種將團隊描述為黑盒子的說法有些誇大其詞，但本質很重要。根據與主管們及其他領導者的數百次對話，我相信將團隊視為黑盒子會導致更健康、更有效的管理。管理人員不應審查微小的技術或流程細節。他們應該專注於確保團隊有明確的方向，而且他們應該讓團隊有責任感地朝著該方向前進。他們不需要知道團隊朝著目標前進時每分每秒的決策或錯誤。過度關注細節是與許多關鍵

原則背道而馳的，包括「寬容對待錯誤」（第 17.1 節）和「將團隊的自主權最大化」（第 6.1 節和第 16.1 節）等原則。

對於領導者來說，針對「黑盒子」的適當考量包括了清除障礙物（阻礙）、在 Sprint 期間保護團隊免受干擾（這些干擾是可避免的）、透過「解決衝突」（conflict resolution）來指導團隊、解決專案之間優先順序的衝突、支持員工發展、僱用新的團隊成員、簡化組織的繁文縟節，以及鼓勵團隊反思其經驗並從中學習。

5.6 你的組織是否願意建立敏捷團隊？

敏捷的反模式是在「沒有建立真正自我管理的團隊」的情況下採用 Scrum。如果管理層口頭上說自我管理，同時繼續在細節層面指導和控制團隊，那麼敏捷實作就會失敗。組織不應該採用敏捷，除非他們願意、準備並致力於建立和支持「自我管理的團隊」。

5.7 其他注意事項

5.7.1 分佈於不同地理位置的團隊

分佈於不同地理位置的（geographically distributed，分佈於世界各地的）情況為高績效團隊帶來了挑戰。我們將在「第 7 章」中詳細討論「分散式團隊」。

5.7.2 開放式辦公室的空間規劃

某些敏捷實作的特點是將辦公室或隔間（cube）轉換為開放式辦公室（Open Office）的空間規劃，以支援更高水準的協作。我並不推薦這樣做。

與預期相反，哈佛大學的一項研究發現，與隔間相比，開放式辦公室減少了約70% 的面對面交流（Jarrett, 2018）。幾年來的研究發現，開放式辦公室會降低員工滿意度、增加壓力、降低工作績效、降低創造力、損害注意力、減少注意力持續時間，以及降低動力（Konnikova, 2014）。

有一些團隊可能喜歡開放式辦公室（這對他們來說沒問題），但大多數人不喜歡。事實上，反對開放式辦公室的聲音一直很強烈（Jarrett, 2013）。最近有一篇文章的標題是這樣寫的：It's Official: Open-Plan Offices Are Now the Dumbest Management Fad of All Time（官方認證：開放式辦公室現在是有史以來最愚蠢的管理時尚）（James, 2018）。

在我 1996 年出版的《*Rapid Development*》一書中，我總結了當時的研究發現，最高等級的生產力是在私人或半私人（兩人）辦公室中實現的（McConnell, 1996）。目前的研究顯示，這個發現至今仍然適用。

我建議採用以下方式，根據效果排序：

- 私人或半私人辦公室，同時為團隊工作提供開放式工作空間
- 團隊聚集在相鄰的隔間中，同時為團隊工作提供開放式工作空間，並設有供個人臨時使用的獨立思考空間（concentration room，小型辦公室）
- 有獨立思考空間的隔間
- 有獨立思考空間的開放式工作區

除了第一種之外，我在其他的空間規劃中經常看到，很多人幾乎普遍使用耳機，且在家工作的頻率也有增加──這兩者皆顯示，員工無法在辦公室充分專注地做好工作。

建議的領導行動

» 檢查

- 請檢查你的團隊的組成。你的團隊是否包含在團隊中做出絕大多數決策所需的專業知識？

- 與你的團隊成員面談，以了解團隊「實際上」的測試組織（而非組織結構圖上所顯示的情況）。在有（或沒有）引進測試專家的情況下，你的團隊是否有效地自給自足，並能獨立進行自己的測試？

» 調整

- 根據上述的檢查，請建立一個差距分析（gap analysis），描述為了讓你的團隊能夠「自我管理」所需要開發的技能。

- 建立一個計畫來調整團隊的組成，並且／或是培訓缺少的技能，以便每個團隊都可以做出自己的決策，並朝著真正的自我管理方向發展。

- 制定一個計畫，確保「測試功能」會被整合成為開發團隊的一部分。

其他資源

- Aghina, Wouter, et al. 2019. *How to select and develop individuals for successful agile teams: A practical guide.* McKinsey & Company.

  這份白皮書研究了敏捷團隊多樣性（diversity）的價值。它包括了基於「5 大性格模型」（Five Factor Personality Model，FFM）的多樣性，以及基於「工作價值觀模型（包括敏捷價值觀）」的多樣性。

第 6 章

更有效的敏捷團隊文化

敏捷組織發現「敏捷團隊架構」和「團隊文化」之間存在著相互作用。要轉變成「自我管理的團隊」所需的是「團隊文化」的轉變，以完善和支援團隊的自我管理能力。

本章將描述敏捷文化在「團隊」層面的元素。「第 17 章」會針對敏捷文化的「組織」層面提供更進一步的看法。

6.1 關鍵原則：透過自主、專精、目的來激勵團隊

大多數關於生產力的研究發現，比起任何其他因素，生產力更取決於「動機」（motivation，激勵）（Boehm, 1981）。對於軟體開發工作而言，唯一重要的動機是「內在」動機。一家公司本質上是在租用人們大腦中的空間，付錢讓員工思考「公司想讓他們思考的東西」。「外在」動機則不起作用，因為你無法強迫某人思考某件事；你只能設定某種情況，好讓他們能主動思考你的問題。

在 Daniel Pink 於 2009 年出版的《*Drive*》一書中，他提出了一種基於「自主」（Autonomy）、「專精」（Mastery）和「目的」（Purpose）等因素的「內在動機理論」。「Pink 的動機理論」與「高績效敏捷團隊所需的支持」相互吻合。

6.1.1 自主

「自主」（Autonomy）指的是引導自己的生活和工作的能力——關於做什麼、何時做、和誰一起做等等。「自主」與信任（trust）有關。如果一個人認為組織不信任他們能做出決定，他們就不會認為自己擁有真正的自主性。你為了發展「具有自主決策能力和權力的跨職能敏捷團隊」所做的工作，同時也支持團隊對於「自主」的認知。

表 6-1：支持或破壞「自主」的做法。

如何支持「自主」	如何破壞「自主」
透過設定方向來領導（與更廣大的組織願景和使命保持一致）	領導者關心工作如何進行的細節
承諾（堅定）一個方向	經常改變方向
涵蓋了團隊在獨立工作時所需的所有技能	不提供團隊在獨立工作時所需的專業知識；沒有建立真正的團隊，只是將高度矩陣化的個體集合成一個群體
允許團隊根據回顧來嘗試改變實踐做法	無論團隊的經驗為何，都堅持進行預先定義好的流程
允許團隊決定自己的工作步調	強制規定團隊的工作步調
透過一致同意的需求流程來提供需求	強制團隊或個別的團隊成員接受需求
保持高績效團隊的完整；把工作交付給人們	經常解散和重新配置團隊；為人們指派（安排）工作
允許團隊犯錯並從中學習	苛刻對待錯誤並據此懲罰團隊

6.1.2 專精

「專精」（Mastery）指的是對學習和進步的渴望（desire）。這裡指的不是達到既定能力標準的想法，而是不斷變得更好的想法。這對技術人員來說尤其重要。正如我多年前在《*Rapid Development*》（McConnell, 1996）一書中指出，與晉升、認可、薪水、地位、責任層級和其它你認為很重要的因素相比，「成長的機會」對於開發人員來說會是更強大的動力。敏捷專注於從經驗中學習，而這份專注將支持你的團隊對於「專精」的認知。

表 6-2：支持或破壞「專精」的做法。

如何支持「專精」	如何破壞「專精」
留出時間進行回顧	不鼓勵回顧
為了學習與進步，鼓勵在每個 Sprint 中進行更改	不允許改變，或是要求跑一個笨重的變更審核流程
讓技術人員探索新的技術領域	將技術人員的工作限制在目前的業務需求上
留出時間進行培訓和專業發展	要求所有時間分配給短期專案目標； 不為培訓留出時間
支持創新日	不鼓勵實驗
支持刻意練習，例如程式碼解題（Coding Katas）	堅持嚴格的任務重點； 不為個人進修留出時間
允許員工進入新的領域	要求員工留在他們最有經驗的領域中

6.1.3 目的

「目的」（Purpose）指的是要理解為什麼「你正在做的事情」很重要。遠景（big picture）是什麼？你正在做的事情比你自身還更重要嗎？這件事情是如何支持著你的公司或整個世界？敏捷所關注的是與客戶的直接接觸，這將支持你的團

隊對於「目的」的認知。敏捷所強調的是共享的團隊責任和當責制度,這能促進一種同儕情誼,也能支持團隊對於「目的」的認知。

表 6-3:支持或破壞「目的」的做法。

如何支持「目的」	如何破壞「目的」
讓技術人員與實際客戶定期接觸	限制技術人員與客戶的直接互動
讓技術人員與內部業務人員頻繁接觸	孤立(silo,隔離)技術團隊和業務人員,讓他們很少互動
定期溝通團隊工作的遠景	只在不經常召開的公司全員會議上傳達遠景
確保溝通是以現實為基礎的	傳達與現實脫節的陳腔濫調
描述團隊工作對現實世界的影響:「我們的去顫器去年挽救了 xyz 條生命」	堅持遠景問題是主管的領域,團隊沒有「需要知道的事」
強調高品質工作對組織的價值	只討論公司的直接財務利益和／或短期交付目標

6.1.4 「自主、專精、目的」的良性結合

Daniel Pink 的研究發現,一個獨立工作、了解其工作原因且不斷改進的團隊也具有很高的積極性。創造有效團隊的要素也會是創造積極團隊的要素,而且在這種良性互動中,「成效」(effectiveness)和「動機」(motivation)是相互支援的。

6.2 關鍵原則:培養成長心態

「更有效」(more effective)的敏捷理念是一個持續發展的目標。不管你今年多麼有效,明年你可以「更有成效」。然而,為了讓「成長」發生,必須允許團隊把時間花費在「進步」(improvement)之上。其中有一些進步應該

發生在 Sprint 回顧和 Sprint 計畫的常規週期中,而另一些進步則應該發生在
Sprint 期間。

「變得更有效」需要一種成長心態(Growth Mindset)——一種「我們可以隨
著時間變得更好」的心態——這不是所有領導者都具備的。

有一些軟體主管將軟體專案視為僅具有此處顯示的基本輸入和輸出:

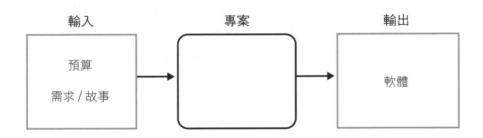

在這種觀點中,一個專案的唯一目的是創造軟體,而專案唯一相關的輸出就是
軟體本身。

一個專案輸入和輸出的更全面角度,會考慮在專案前後該團隊「能力」
(capability)的改變。一個完全以任務為中心的專案——通常包括一定的進
度壓力——會產生以下的輸入和輸出:

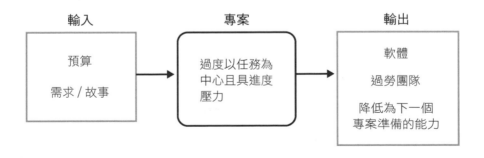

如果主管不專注於團隊成長，那麼執行專案的方式很容易產生一個疲憊不堪的團隊，其「能力」（capacity）會比專案開始時更弱。相同的邏輯也適用於 Sprint 和發布。當 Sprint 沒有以「穩定步調」執行時，有些 Scrum 團隊會經歷「Sprint 疲勞」。

團隊「如何開始他們的專案」和「如何結束他們的專案」之間的差異極大地影響了組織的有效性。在許多組織中，每個專案都很忙碌。專案只會關注他們眼前的任務，個人或團隊永遠沒有時間在他們所做的事情上做得更好。事實上，持續的進度壓力確實讓他們在所做的事情上變得更糟——就他們對「自主」和「專精」的感覺而言，而最終，也會影響到他們的動機（積極性）。

這導致了一組可預測的變動性（dynamics），在當中團隊會經歷倦怠，而最好的團隊成員會離開到其他的地方，然後組織的能力會隨著時間下降。

致力於提升效率的組織會對其軟體專案的「目的」採取「更全面的成長心態」。當然了，專案仍然有「生產出可以使用的軟體」的目的，但另一個目的是「提高生產軟體的團隊的能力」。換句話說：『*隨著時間的進展，我們會變得更好，而且我們更（願意）留出時間來做到這一點。*』

成長心態為組織帶來了幾個好處：

- 提高個人能量（能力）水準
- 提高個人和團隊的積極性
- 更高的團隊凝聚力
- 提高公司忠誠度（更好的在職率（retention，留任率））
- 擴展技術與非技術技能——更好的程式碼和更高的品質

一家意識到成長心態可以帶來多少好處的公司,會像這樣執行專案:

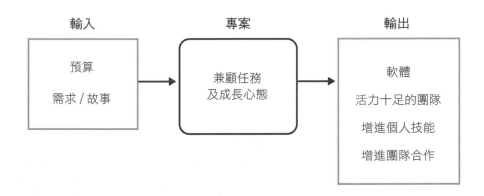

傳統敏捷口號中的「穩定步調」(sustainable pace)是更有效的敏捷當中必要的元素之一,但它僅表示團隊不會精疲力盡,而不是他們會不斷變得更好。藉由以「穩定的步調」工作,為成長心態的承諾奠定下了基礎,並利用它為組織及其個人提供額外的利益。

提高團隊能力是軟體開發領導者的核心職責之一。「第 8 章」會描述培養員工能力的系統化方法。

6.3 關鍵原則:發展業務重點

軟體開發沒有什麼靈丹妙藥,但有一種業務導向(business-oriented)的實踐是很接近的,且很少有組織採用它。這種實踐很簡單,它的好處遠遠超過了任何實作上的困難。

這個近乎靈丹的妙藥是什麼呢?它只是讓每個開發人員直接接觸實際客戶,即他們系統的實際使用者。

有一些企業會拒絕讓開發人員與使用者聯繫,因為他們擔心大量蓬頭垢面的開發人員是真的沒有好好地刷牙洗臉(unwashed)。他們視產品負責人(或銷

售人員或業務分析師）為開發人員和使用者之間的屏障。這是一個錯誤，也是一個重大的機會損失。

對於開發人員而言，與使用者直接接觸通常是一種改變生活的體驗。以前主張「技術純潔性」（無論這是什麼）並視使用者為「請求不合邏輯功能的惱人來源」的開發人員，現在成為了「易用性」和「使用者滿意度」的積極倡導者。

將開發人員暴露（expose）給真實使用者的業務主管必定會這麼說：理解使用者視角的好處遠遠超過他們擔心的任何風險。技術人員能夠了解他們的工作在該領域的使用方式、使用者對它的依賴程度、讓使用者感到沮喪的原因，以及他們的工作在真正滿足使用者需求時會產生多大的影響。將開發人員暴露給使用者，會與「自主、專精、目的」當中的「目的」之間存在很強的相互影響。這種實踐提供了產品品質效益和激勵效益。

你可以透過以下方式將開發人員與使用者聯繫起來：

- 讓開發人員定期收聽幾個小時的支援電話（support call）。
- 安排開發人員處理幾個小時的現場支援電話。
- 派開發人員去現場觀察使用者如何使用他們的軟體。
- 讓開發人員透過單向玻璃或電視監視器觀察在 UX 實驗室的使用者。
- 讓開發人員陪同銷售人員拜訪客戶或聽取銷售電話。

這些做法不該被視為獎勵或懲罰，而是作為維持健康業務的一部分。它們適用於資深開發人員、初階開發人員、剛到職的開發人員——也就是每一個人。

最重要的是「與使用者接觸」必須作為一項持續的計畫來實施，而不僅僅是一次性的體驗。否則，開發人員可能會過度關注他們在一次使用者互動中觀察到的問題。持續的接觸是有必要的，以便為他們提供一個針對使用者問題的平衡看法（客觀看法）。

產品負責人的角色是許多組織中的脆弱環節。雖然在技術人員中培養業務思維並不能取代一個好的 PO，但它可以緩和「PO 不夠完美」的失敗模式。

讓開發人員與使用者直接接觸是一個非常簡單的想法，卻很少做到，但無論何時完成，都會產生顯著的效果。

6.4 其他注意事項

6.4.1 人際互動技巧

人們在團隊中的良好工作能力會受到他們個人互動技巧的影響。「第 8 章」會更詳細地討論這個因素。

6.4.2 個人取向和角色

當團隊在個人取向（personal orientations）和角色之間取得平衡時，他們往往表現得最好。Belbin's Team Role Theory（貝爾賓團隊角色理論）提供了一種有趣且實用的方法來評估團隊中存在的角色。該理論包括評估每個人在團隊中的行事作風、一群人一起工作的可能性，以及如何選擇候選人來填補每個角色。

Belbin 的（9 種）角色包括了（https://www.belbin.com/about/belbin-team-roles）：

- 人際導向型（social）
    - » 資源調查者（Resource Investigator）
    - » 團隊工作者（Teamworker）
    - » 協調者（Co-ordinator）

- 謀略導向型（thinking）

    » 創新者（Plant）

    » 監察員（Monitor Evaluator）

    » 專家（Specialist）

- 行動導向型（action）

    » 形塑者（Shaper）

    » 執行者（Implementer）

    » 完成者（Completer Finisher）

對 IT 團隊的研究顯示，「團隊角色的平衡」與「團隊績效」之間存在著高度的相關性（Twardochleb, 2017）。

建議的領導行動

⯈⯈ 檢查

- 根據表 6-1、6-2 和 6-3 中的項目，請評估你的個人表現。

- 根據表 6-1、6-2 和 6-3 中的項目，請評估組織中其他成員的表現。

- 讓你的團隊在每個專案發布週期的開始和結束時，為自己的動機和士氣打分數。這些分數是否顯示團隊正在以「穩定的步調」工作並不斷成長，或者他們正處於精疲力盡的狀態？

⯈⯈ 調整

- 請根據需求改變你自己的行動，為你的團隊提供自主性。

- 請根據你對表 6-1、6-2 和 6-3 的審視來施行其他的改進。

- 建立一個計畫,以確保你的團隊在專案結束時更健康,並具備比專案開始時更多的能力。請與你的團隊溝通:你希望他們在每個週期當中花一點時間學習。

- 建立一個計畫,讓你的技術人員與你的客戶直接接觸。

其他資源

- Pink, Daniel H. 2009. *Drive: The Surprising Truth About What Motivates Us*.

  這本廣受歡迎的商業書籍提出了本章描述的「自主、專精、目的」,更進階地說明了動機理論。

- McConnell, Steve. 1996. *Rapid Development: Taming Wild Software Schedules*.

  本書中的幾個章節明確或不明確地討論了動機。

- Twardochleb, Michal. 2017. "Optimal selection of team members according to Belbin's theory." *Scientific Journals of the Maritime University of Szczecin*. September 15, 2017.

  這篇學術論文總結了 Belbin's Team Role Theory(貝爾賓團隊角色理論),並將其應用於學生專案中。Twardochleb 發現,即使只有一個角色缺席,也會導致團隊無法完成他們的任務。

- Dweck, Carol S. 2006. *Mindset: The New Psychology of Success*.

  這是對成長心態的經典描述,探討了成長心態如何適用於學生、家長、主管、親密伴侶和其他角色。

第 7 章

更有效的分散式敏捷團隊

「分散式開發團隊」（geographically distributed development team）是那些分佈於不同地理位置的開發團隊；在與已建立「分散式開發團隊」的公司合作的 20 多年中，我們只看到少數幾個例子，其中生產力與「位於同一地點的團隊」相當。我們還沒有看到任何跡象表示，「分散式敏捷團隊」會像「位於同一地點的團隊」一樣有效。然而，對於當今大多數的大公司來說，「分散式團隊」已經非常普遍，因此本章將介紹如何使它們良好地運作。

7.1 關鍵原則：強化回饋迴圈

有效軟體開發當中有一個原則，就是要盡可能地「強化回饋迴圈」（Tighten Feedback Loops）。本書中有許多細節都可以從這個原則推論出來：

- 為什麼我們需要敏捷團隊中的「產品負責人」？為了強化與「需求」相關的回饋迴圈。

- 為什麼我們要使用「跨職能團隊」？為了強化「決策」所需的回饋迴圈。

- 為什麼我們要以「小批次」的方式定義和交付需求？為了強化從「需求定義」到「可執行、可展示軟體」的回饋迴圈。

- 為什麼我們要執行「測試先行開發」（test-first development）？為了強化「程式碼」和「測試」之間的回饋迴圈。

在 Cynefin 的「複雜」（Complex）領域工作時，「緊密（Tight）的回饋迴圈」變得尤其重要，因為我們無法提前規劃工作，而是必須透過無數次的『探索‧感知‧回應』循環才能發現。這些循環是一種應該盡可能保持緊密的回饋迴圈。

分散式團隊具有「弱化（Loosen）回饋迴圈」的作用。這會減慢決策速度、增加錯誤率、增加重工（rework）、降低產出量，最終也會延遲專案。任何無法面對面進行的溝通都會增加溝通不順暢的可能性，進而弱化了回饋迴圈。時區的差異則會導致延遲的回應，也會帶來同樣的影響。在總部（onshore）以大批次完成的工作被送往分部（offshore）之際，儘管總部的產品負責人為了面對面溝通而親臨分部，仍然會再次弱化回饋迴圈。再加上語言、民族文化、當地文化的差異，以及在尷尬的時間參加遠端會議所累積的時差，回饋迴圈就會更加鬆動（Loose），錯誤也會增加得更多。

我們曾與一家公司合作，該公司分部團隊的表現明顯地遜於總部團隊。當我們把一些分部人員調到總部時，他們的生產力在短時間內急遽提升，但當他們回到家時又下降了。這表示績效問題不是因為個人的因素——12,000 英里的距離所造成的溝通落差和延遲，才是分部團隊無法有效運行的原因。

「鬆散（Loose）的回饋迴圈」是我在分散式團隊中所看到的最大問題。如圖 7-1 所示，它們以多種形式出現，我傾向於將所有這些都稱為經典錯誤：

- 在一處開發，但在另一處測試
- 在一處擁有產品的所有權（產品負責人），但在另一處開發（開發團隊）
- 在共享的功能上工作，兩個站點以 50/50 的比例分別處理一半功能

這些配置都不能良好地運作——每一種都會造成「彼此需要經常互相溝通的人們」在溝通時被延遲的情況。

圖 **7-1**：在分散式團隊中不當分配職責的範例。

在 2000 年代初期，許多公司會在不同的站點間進行開發和測試，以支持所謂的「跟隨太陽」（a follow-the-sun methodology，即全天候式的開發方法，24 小時日不落式的工作方法）——測試人員可以在開發人員睡覺時檢測到錯誤，而開發週期（turnaround time）能因此縮短。這雖然合乎邏輯，但實際發生的情況是開發人員無法理解缺陷報告，或是測試人員無法理解開發人員所做的更改，導致原本在同一地點的團隊僅需要花費幾個小時處理，卻硬是耗費一天半的時間來回溝通。

真正的最佳實踐做法，就是在每個地點建立盡可能自主運作的團隊，如圖 7-2 所示。以軟體的術語來說，團隊都是高內聚、低耦合的（high cohesion and loose coupling）。

圖 **7-2**：在分散式團隊中正確分配職責的範例。

整體上來說，分散式團隊的最佳實踐與敏捷團隊的最佳實踐是相同的，這並非偶然：建立自律的跨職能團隊，他們具有在本地做出「約束性決策」之「能力」和「權力」。

7.2　邁向成功的分散式敏捷團隊

在分散式團隊中取得成功需要以下條件：

- 安排例行的面對面溝通
- 增加對分散式團隊的後勤支援
- 利用「自主、專精、目的」
- 尊重康威定律
- 將敏捷團隊視為黑盒子
- 維持高品質
- 注意文化差異
- 檢查和調整

7.2.1　安排例行的面對面溝通

多站點開發的大多數問題都不是技術問題，而是人際溝通問題。地理距離、時差問題、語言不通、民族文化差異、站點文化差異以及站點狀態差異等等，都會讓溝通變得更不可靠和更加困難。

定期的面對面溝通是很重要的。正如一家跨國公司的一位資深主管對我說的：『信任的半衰期是 6 週。』當你看到錯誤開始增加時，是時候讓人們上飛機了，讓他們一起玩遊戲、一起吃飯，並發展人際關係。

目的是要讓一定比例的員工，大約每 6 週就從一個站點出差到另一個站點，而目標是在幾年內讓 100% 的團隊成員都拜訪過其他的站點。

7.2.2 增加對分散式團隊的後勤支援

如果你想在分散式團隊中取得成功，你需要投入金錢、精力和時間來支持這種工作方式。

1：定期通訊。 建立每個人都必須參加的強制性會議。在不同站點之間輪流安排不方便的會議時間，以避免單一站點每次都必須在承受時差和疲勞的情況下參與會議。提供有效率的遠端會議工具，以及支援這些工具的網路頻寬。堅持良好的會議實踐：制定議程、定義可交付成果、緊扣主題、準時結束等等。

2：臨時通訊。 支援主動安排的跨站點溝通。為每位員工提供通訊技術支援：高品質的麥克風、網路攝影機、充足的網路頻寬等等。為「以文字為主的、需掌握時效的、串流式的通訊」以及「線上論壇」提供工具（Slack、Microsoft Teams 等等）。

3：遠端代理人。 指定遠端站點的人員作為代理 PO 或代理工程經理。當團隊無法從遠端 PO 或工程經理那裡得到答案時，他們可以聯繫代理人。代理人會定期與他們的遠端同行進行一對一的討論，以便他們保持同步。

4：人員調動。 考慮永久或長期性的調動員工。由於眾多軟體團隊的國際化組成，找到想要回國的團隊成員並不罕見。一個鮮為人知的事實是，Microsoft（微軟）在其第一個印度站點部署的員工，就是之前在 Microsoft 的 Redmond 園區工作過的印度公民。這有助於在印度建立公司文化和深厚知識。

5：到職和培訓。 安排新進員工拜訪遠端站點作為到職的活動之一。提供導師來指導新進員工進行有效的多站點工作實踐。

7.2.3　利用「自主、專精、目的」

有些公司會將團隊平均分配到多個站點，每個站點具有相同的地位。更常見的是，擁有多個站點的公司會在其站點之間產生「地位不一致」的問題：總部與分部、內部與外包、母公司與併購公司，以及主站點與衛星站點等等。他們將不同類型的工作分配給次要站點，包括不太重要的工作，而且他們會降低這些站點的自由度。

地位的差異和較低的自主性限制了每個站點的動力。我發現次要團隊（secondary team）往往對自己的地位和責任水準有自覺且直言不諱。次要團隊的經理經常報告說，他們的團隊要求更多的「自主權」和「自我指導」、尋求成長的機會（專精），並希望了解他們所做工作的更大遠景（目的）。

想要在多站點開發上（以敏捷或其他方式）取得成功，請想辦法為每個站點提供可以自主執行的工作，並允許每個站點專業性地成長。請積極溝通為什麼每個站點的工作對於組織或整個世界來說都很重要。

7.2.4　尊重康威定律

「康威定律」（Conway's Law）廣義來說，就是「一個系統的技術結構」反映了「建置這個系統的人力組織的結構」（Conway, 1968）[4]。這種結構包括正式的管理結構與非正式的人際網路結構。這些結構之間的相互作用對於分散式工作來說非常重要。

---

[4]　康威定律的確切說法如下：「組織在設計（廣義的）系統時，只能設計出與其溝通結構一模一樣的系統。」

康威定律是一條雙向的道路：技術設計也會影響人力組織設計。如果團隊分佈在 3 個站點，但技術架構並不支援在 3 個獨立區域執行工作，那麼團隊將陷入困境，因為他們將在技術上依賴彼此跨越地理邊界的工作。

如果一個團隊多年來一直分散在世界各地，那麼技術架構可能已經反映了團隊的結構。如果你的團隊正在過渡到「分散式團隊」的過程中，請比較「技術架構」和「人力組織」並尋找不匹配的地方。

7.2.5 將敏捷團隊視為黑盒子

與同一地點的團隊一樣，將團隊視為黑盒子的管理原則更支持「管理者」成為設定方向的領導者，而不是過度關注細節的管理者。請專注於管理團隊的輸入和輸出。也請避免關注團隊如何執行工作的細節。

7.2.6 維持高品質

「始終將軟體維持在可發布的狀態」，這個敏捷原則有助於預防不同地區的團隊彼此分歧太大。

「將每個團隊視為黑盒子」的前提是能夠確保每個盒子的輸出是高品質的。「將程式庫（code base）品質維持在可發布的水準」，這是一種高紀律實踐，即使是在同一地點的團隊也很難做到。

團隊分散時，自然會有一個趨勢，那就是不會那麼頻繁地收斂到可發布的狀態。這是個錯誤。分散式團隊有可能會在不知不覺中走向不同方向，這表示，為了風險管理，他們應該更頻繁地收斂（converge，又譯整合或融合）。而為了確保他們有效地收斂，分散式團隊應該特別注意他們的「完成定義」（Definition of Done，DoD）。

「將軟體品質維持在可發布的水準」所需的努力突顯了分散式團隊的成本。如果一個分散式團隊發現它在「頻繁收斂到可發布的水準」上花費了過多的時間，那麼解決方案其實不是減少收斂頻率。這反而增加了團隊根本無法收斂的風險！正確的解決方案是修改實踐，藉此簡化「可靠且頻繁地收斂」所需的工作。在某些情況下，顯著的收斂（整合）工作量可能會導致決定減少開發站點的數量。

7.2.7　注意文化差異

跨文化的常見差異包括了：

- 是否願意傳達壞消息，甚至包括對簡單的問題回答「不」
- 對權威的回應
- 個人主義與團隊成就
- 對工作時間的期望，以及工作與個人生活的優先排序

有很多這方面的文章，所以如果你沒有意識到這些問題，去閱讀並了解它們吧！

7.2.8　檢查和調整

與分散式團隊一起開發是困難的。所有的挑戰將會根據「你擁有的站點數量」、「站點所在的位置」、「你的軟體架構」、「跨站點的工作分配方式」，以及每個站點的特定團隊和個人的「能力」而有所不同。

為了使分散式團隊正常運作，團隊必須定期進行「回顧」，以坦率地評估什麼是有效的、什麼花費了過多時間，以及「與分散式團隊工作相關的問題」是否造成了困難或效率低落。文化差異會為「回顧」帶來挑戰，可能需要額外的工作來鼓勵坦率的討論。

組織還應該支援「系統層級（system-level）的回顧」，特別關注在簡化「與多站點開發相關的問題」。然後，團隊必須利用這些見解做出改變，解決他們發現的困難——而且必須授權（empower）團隊做出這些改變。如果他們沒有被授權，組織將面臨分散式開發效率低落的風險。

分散式開發執行不力會降低主要站點和次要站點工作人員的積極性，進而導致士氣低落，人員流動率也會增加。

許多組織——甚至可能是大多數組織——都無法實現那些導致他們建立分散式團隊的目標。你必須做很多「正確的事情」才能在分散式團隊中取得成功，而這不是你應該走捷徑的地方。

7.3 關鍵原則：修復系統，而不是個人

分散式開發增加了溝通的不順暢，進而增加了錯誤。與同一地點的團隊相比，分散式團隊在修復缺陷上花費的時間更多——因為團隊之間的距離不僅增加了缺陷的數量，也增加了修復缺陷的時間。錯誤率的增加往往會導致壓力增加，接踵而來的就是指責和抱怨。

為了在分散式團隊上取得成功，重要的是要強調「寬容對待錯誤」（Decriminalize Mistakes）的原則。請把錯誤視為「系統」問題，而不是「個人」問題。請試著提問以下問題：「是什麼讓我們的系統發生了這個錯誤？」一般來說，這是一個很好的做法，但在分散式環境中尤其重要。

7.4 其他注意事項

如果分散式團隊無法在本地做出決策，進而導致你的團隊效率低落，請確定你的主要站點團隊是否也遇到了類似的挑戰。你可能正在遭遇類似的效率低落問

題——它們只是不太明顯，因為主站點團隊更容易與「地理上離他們更近的人們」合作，透過這樣做來彌補他們缺乏的自主性。

建議的領導行動

≫ 檢查

- 你的分散式團隊的回饋迴圈有多緊密？你是否犯了本章列出的任何經典錯誤？

- 請檢查你的站點在語言、民族文化和站點文化方面的差異。評估這些差異對溝通錯誤的影響。

- 你的團隊是否以具有「自主、專精、目的」的方式組織起來？

- 你的分散式團隊是否高度自律地經常收斂到可發布的品質水準——至少與他們在同一地點辦公時的頻率一樣？

- 你是否已經系統化分散式團隊對「檢查和調整」（Inspect and Adapt）的使用，以便他們能夠學習如何在具有挑戰性的配置中更有效地工作？

≫ 調整

- 如有必要，請重新組織你的團隊和溝通模式，以此強化回饋迴圈。

- 請制定計畫來改善跨站點的溝通和理解。

- 請制定計畫來支持你的分散式團隊擁有「自主、專精、目的」。

- 請向你的團隊傳達「始終維持可發布的品質水準」的重要性，並確保他們使用適當的「完成定義」。

- 授權你的團隊根據回顧的結果做出改變。

其他資源

本章的大部分資訊皆總結自我們公司的直接經驗。因此,其他資源是有限的。

- Conway, Melvin E. 1968. How do Committees Invent? *Datamation*. April 1968.

  這是康威定律的原始論文。

- Hooker, John, 2003. *Working Across Cultures*. Stanford University Press.

  這本書描述了跨文化工作的一般注意事項,包括對中國、印度、美國和其他國家的具體評論。

- Stuart, Jenny, et al. "Succeeding with Geographically Distributed Scrum," Construx White Paper, March 2018.

  這份白皮書針對 Scrum 為分散式團隊提供了建議。它分享的諸多經驗,與我在本章中描述的許多體驗雷同。

第 8 章

更有效的個人和互動

《敏捷宣言》指出，敏捷重視「個人與互動」，而不是「流程與工具」。但迄今為止的敏捷大多更關注「流程」更甚於「個人」，而且它對個人的關注僅限於圍繞某些結構化協作的互動。

「培養成長心態」（Develop a Growth Mindset）這一原則有助於形成一種普遍的學習傾向，但如果這種傾向僅被發展成為一種普遍的渴望（而沒有發展成為比那還要更多的志向或抱負），那麼這個學習將會是臨時性的，不會有更多的效益。如果你同意一個團隊在每個專案結束時應該要比開始時更為強大，那麼你就需要留出時間進行學習，而且需要為此制定計畫。

本章介紹了技術人員學習的系統化方法，涵蓋了技術人員最重要或最常缺乏的學習領域。由於本章採用了廣泛的概述方法，因此我在本章結尾提供了許多的「其他資源」。

8.1 「關注個人」的潛力

對於任何想要提升組織效能的計畫（program）來說，「最大化個人能力（效能）」應該是一個計畫的基石。幾十年來，研究人員發現，在具有相似經驗水準的個人之間，他們的生產力至少相差 10 倍（McConnell, 2011）。研究人員還發現，在同一產業工作的團隊之間，他們的生產力也至少相差 10 倍或更多（McConnell, 2019）。

「個人能力」的差異在某種程度上可能是天生的，也可能是後天培養出來的。Netflix 的雲端架構師 Adrian Cockroft 曾被問到他的優秀員工是從哪裡來的，他對 Fortune 500 的主管說：『就是從你那裡請來的！』（Forsgren, 2018）。這裡的重點是表現出色的人不是一夜之間就塑造出來的，他們是隨著時間發展的。這表示一個想要提升效率的組織，是有機會支持員工在這方面的成長的。正如最近的網路迷因所言：

> 財務長：如果我們投資員工但他們卻離開了，該怎麼辦？
>
> 執行長：如果我們不投資他們但他們卻留下來了，該怎麼辦？

「支持員工發展」在許多方面具有相輔相成的效果。「支持員工發展」的首要原因是它提高了員工為你的組織做出貢獻的能力。專案層面的「檢查和調整成長心態」，與專業發展層面的「個人成長心態」之間，也存在著相輔相成的作用。最後，「支持員工發展」善用了「專精」的激勵力量。

正如 Forsgren、Humble 和 Kim 在他們影響深遠的、針對「高績效技術組織」的研究報告中所述（Forsgren, 2018）：

> 在當今瞬息萬變和競爭激烈的世界中，你能為你的產品、你的公司
> 和你的員工做得最好的事情，就是建立一種實驗和學習的文化，並
> 投資那些促成它的技術和管理能力。

Forsgren、Humble 和 Kim 還說到，「學習氛圍」（a climate for learning）是與「軟體交付效能」高度相關的三個要素之一。

在一些組織中，「學習新的知識」與「應用先前學到的知識」之間存在著緊張關係。有一種常見的模式是，員工希望進入新領域以盡情地學習，但組織希望他們留在目前領域以應用已經獲得的專業知識。跨領域調動非常困難，以至於最積極的員工會離開到其他公司去追求他們的專業發展。

想要培養卓越人才的組織會就「如何從初級工程師發展為資深工程師」、「如何從開發轉向管理」、「如何從技術主管成長為架構師」等提供明確的指引。

8.2 關鍵原則：透過培養個人能力來提升團隊能力

大多數軟體專業人士的職涯發展可以用「打彈珠遊戲」來形容──一個專案接著一個專案地從一種技術跳到另一種技術，從一種方法論跳到另一種方法論。任何類型的專業經驗都是有價值的，但這種模式是臨時累積分散經驗的做法，而不是隨著時間有系統地建立有凝聚力的專業知識和能力。

8.2.1 增加角色密度

跨職能敏捷團隊依賴於技術人員在自己的專業領域表現出色，而且可以根據需要擴展到其他領域。「角色密度」（role density）是指一個人能夠扮演多少種不同的角色。這張圖比較了角色密度的差異：

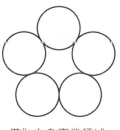
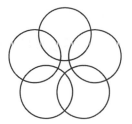

僅為自身專業領域
培訓的專業人才
（低角色密度）

為其他專業領域跨域
培訓的專業人才
（高角色密度）

◯ 角色覆蓋範圍

哪個團隊更容易受到人員流失的影響？哪個在工作分配上更加靈活？哪個更能適應新環境？

想要提升效率的軟體公司是會支持它的員工的，確保他們的專業開發經驗能累積起來——而這反過來也能讓他們達到更「專精」的程度。

8.2.2 培養 3 種專業能力

技術組織傾向於將「技術知識」視為對軟體專業人員最重要的知識類型，但這是短視的。一位高素質的軟體專業人員將具備以下 3 種知識的強大能力：

- 技術知識——特定技術的知識，例如程式語言和工具

- 軟體開發實踐——包括設計、寫程式、測試、需求、管理等實踐知識

- 領域知識——專業人士工作的領域知識，例如特定的商業或科學領域

技術人員在不同程度上需要這些不同種類的知識。軟體開發人員需要對「技術」和「軟體開發實踐」有深入理解，對「商業或科學領域」的關注則相對較低一些。產品負責人需要對「領域」有深入的理解，對「技術」和「軟體開發實踐」的重視則相對較少一些。你可以針對不同角色定義各自的細節。

8.2.3 使用「專業發展階梯」建構「職涯路徑計畫」

20 年前，我和我們公司意識到軟體專業人員的「職涯發展路徑」定義不明確且支援不足，因此我們制定了詳細的「專業發展階梯」（Professional Development Ladder，PDL），為軟體人員的專業發展提供整體方向和詳細支援。從那時候起，我們持續維護、更新和發展 PDL，而且我們免費為軟體專業人員及其組織提供許多 PDL 素材，以用於職涯發展。

Construx 的 PDL 支援各種軟體人員的長期職涯發展，包括開發人員、測試人員、Scrum Master、產品負責人、架構師、業務分析師、技術經理和其他常見

的軟體職位。PDL 提供了方向和結構，同時也允許讓個人的興趣指引他們特定的職業道路。

PDL 由 4 個建構方塊所組成：

- 基於標準的軟體開發「知識領域」，包括需求、設計、測試、品質、管理等等

- 已定義好的「能力水準」——入門級（Introductory，初階）、熟練級（Competence，具競爭力）、專業級（Leadership，具領導力）

- 「專業發展活動」，包括培訓、閱讀和親身經驗；這是在每個知識領域中獲得「能力」需要做的事

- 使用上述「知識領域」、「能力水準」和「專業發展活動」建置的「特定角色的職涯路徑」

Construx「專業發展階梯」（PDL）的核心是一個 11 × 3 的「專業發展矩陣」（Professional Development Matrix，PDM），由 11 個知識領域和 3 個能力水準組合而成（McConnell, 2018），如圖 8-1 所示。

Capability Level	Configuration Management	Construction	Design	Foundations	Maintenance	Management	Models and Methods	Process	Quality	Requirements	Testing
Introductory	●	●	●	●	●	●	●	●	●	●	●
Competence	●	●	●								●
Leadership		●									

圖 8-1：11 × 3 的「專業發展矩陣」（PDM）。

在圖 8-1 所展示的範例中，有黑色圈圈的方格子表示 PDL 建議「一位資深開發人員」應該具備的能力。例如，一位資深開發人員應該在建構（Construction）方面達到「專業級」水準，在配置管理（Configuration Management）、設計（Design）、測試（Testing）等方面達到「熟練級」水準。針對 PDM 中的每個黑色圈圈，PDL 素材皆提供了一份閱讀、培訓和親身經驗的具體清單，這是達到該能力水準所需要的。

「專業發展矩陣」（PDM）看似簡單，功能卻出奇強大：我們可以根據矩陣中「被選取的方格子」，來定義所謂的「職業目標」。我們可以繪製一條經過矩陣「被強調的部分」的路徑，來定義所謂的「職涯發展」。我們可以根據「專業發展活動」在 PDM 中支援哪些方格子，來定義所謂的「專業發展活動」。

由 11 個基於標準的「知識領域」（Knowledge Area）和 3 個已定義的「能力水準」（Capability Level）所組合而成的這個矩陣，為「職涯發展」提供了一個框架，該框架同時具有高度結構化、高度靈活性和可客製化的特點。最重要的是，它為每一位軟體專業人士提供了一條通往穩步提升「專精」水準的清晰途徑。

更多關於 PDL 的資訊，包括「何時進行專業發展」、「支援專業發展的建議」，以及「其他實作問題」，請參閱我的白皮書《*Career Pathing for Software Professionals*》（McConnell, 2018）。

8.3 更有效的（團隊）互動

雖然當每個人提高了自身的軟體開發能力，所屬團隊也可隨之提高整體能力，但許多團隊會因為糟糕的互動而苦苦掙扎。敏捷開發需要面對面的協作，因此「無摩擦的互動」在敏捷開發中比在循序式開發中更為重要。在過去 20

年與許多公司的主管共事之後，我相信以下的互動軟實力（interaction soft skills）對敏捷團隊成員最有幫助。

8.3.1 情緒智商

如果你曾經看到兩位開發人員就技術細節展開 email 大戰，那麼你已經看到證據表明：軟體團隊需要更高的「情緒智商」（emotional intelligence）。

對於領導者來說，情緒智商的價值已得到充分證明。Daniel Goleman 在《哈佛商業評論》（Harvard Business Review）中指出，傑出員工和一般員工之間的差異有 90% 可歸因於「情緒智商」（簡稱 EQ）（Golcman, 2004）。一項針對 500 名獵頭（Executive Search）候選人的研究發現，情緒智商比智力或經驗更能預測就業成功（Cherniss, 1999）。

技術貢獻者可以從「提高對自己情緒狀態和他人情緒狀態的認識」、「改善情緒自我調節」以及「管理與他人的關係」中受益。

我發現 Yale Center for Emotional Intelligence（耶魯大學情緒智商中心）的 RULER 模型是這項領域的實用資源（Yale，2019 年）。RULER 所代表的意思是：

- 識別（Recognizing）自己和他人的情緒（察覺感受還有反應）
- 了解（Understanding）這個情緒的原因和後果
- 準確地標記（Labeling）這個情緒（給予這個情緒一個名字或形容）
- 適當地表達（Expressing）這個情緒（試著去闡述這個情緒）
- 有效地調節（Regulating）這個情緒（選擇如何面對這個情緒）

RULER 模型最初是為青少年工作者所開發的，隨後被改編為成年人的版本，尤其是在團體（團隊）中工作的成年人。

8.3.2　與不同性格類型的人溝通

業務人員直覺地了解到：人們有不同的溝通方式，因此他們會適當地調整溝通方式。技術人員往往需要明確的指引和鼓勵，才能調整他們的溝通方式，以配合他們的受眾。

「性格類型的研究」有助於技術人員理解，不同的人在做決策時會強調（關注）不同類型的因素（例如，資料 vs. 人們的感受）。他們表達自己的方式不同，他們在壓力之下的反應也不同。標記這些變化、了解這些變化如何應用到他人身上，並自我評估，這些通常會是令技術人員大開眼界的經歷。

我發現「社交風格模型」（Social Styles model）是理解性格類型的直覺工具（Mulqueen, 2014）。社交風格植基於可觀察的行為；你無需知道某人的測試結果即可了解如何與他們互動。DISC 性格測驗、MBTI 測驗（Myers-Briggs Type Indicator，邁爾斯 - 布里格斯性格分類法）、色彩密碼（Color Code）性格測驗等模型同樣都很有用。

能夠欣賞不同社交風格的差異，這種價值在改善不同類型員工之間的互動時，是最為明顯的。如圖 8-2 所示，根據社交風格模型，技術人員傾向於「分析」（Analytical）、業務人員傾向於「表達」（Expressive）、管理人員傾向於「驅動」（Driver）。（當然了，這些都是概述，會有許多例外。）

了解社交風格可以幫助技術人員更有效地與業務人員溝通，可以幫助他們更好地在組織中進行管理，還可以幫助改善團隊內不同性格類型之間的溝通。有一些技術人員認為調整他們的溝通方式以配合他人是不忠於自我的。這可能會成

為一種自我強加的職業限制。溝通方式的培訓可能會很有啟發性，並有助於克服這一限制。

這些熱門模型的「科學有效性」經常受到質疑。如果你對最科學的方法感興趣，你可以看一下 5 大性格特質／ OCEAN 模型。出於務實的考量，我贊同「所有模型都是錯誤的；而有些模型很有用」這句話。而我發現社交風格模型特別有用。

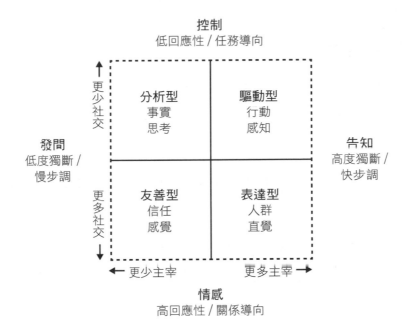

圖 8-2：社交風格模型的概述。

8.3.3 關鍵對話

結構化方法可以為那些「對如何執行任務沒有直覺感受的人」提供良好的支援。專為「困難對話」打造的「關鍵對話（Crucial Conversations）方法」是一種有效模型，適用於以下情況（Patterson, 2002）：

- 風險很高

- 意見不一

- 情緒強烈

在技術環境中,「關鍵對話」可能會出現的情境有:在需要就效能問題(績效問題)與員工面對面的時候、決定設計方法的時候、向關鍵利害關係人傳達壞消息的時候,以及許多其他情況。

8.3.4 和主管溝通

「了解不同的性格類型」是一個實用的基礎,能夠改善整體的溝通,尤其是更好地與主管(管理階層)溝通。

正如本書的一位審稿人所寫的:『你的腦袋裡全是你自己的問題,而你有一整天的時間來解決它。你的老闆只有 7 分鐘的空檔,而且只記得住 3 個條列式重點。』

察覺(識別)主管的性格類型(根據社交風格模型)、了解主管的決策風格,以及預測主管在壓力下可能的反應,都可以幫助技術人員為成功的溝通做好準備。

8.3.5 團隊發展的階段

儘管「Tuckman 的團隊發展模型」在管理界幾乎是陳腔濫調了,但由於軟體工作經常是由團隊執行的,且許多組織中的團隊經常變化,因此,團隊成員理解「Tuckman 的 4 個階段」還是很有用的,這 4 個階段是:「形成期」(Forming,組建期)、「風暴期」(Storming)、「規範期」(Norming)、「執行期」(Performing,表現期),如圖 8-3 所示。

我發現，處於「形成期」或「風暴期」階段的團隊在得知「他們所經歷的事情」是正常的時候，都鬆了一口氣。此外，這種認識有助於他們更快地走向「規範期」和「執行期」階段。

領導者還應該明白，這種進展是正常且符合預期的。他們還應該意識到，解散和重組團隊的一項成本是：團隊要花費更多時間，才能再次通過各個階段，來抵達「執行期」。

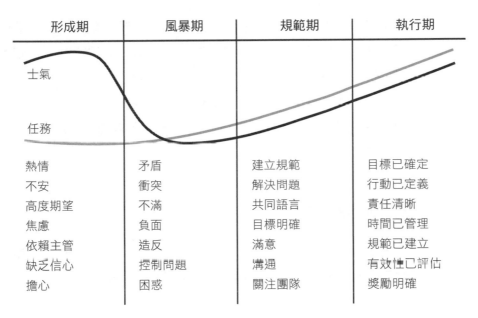

圖 8-3：Tuckman「團隊發展模型」的 4 個階段。

8.3.6 簡化的決策模型

軟體團隊需要就需求的優先順序、設計方法、工作分配、流程變更做出大量決策——這個清單是無窮無盡的。了解一些團隊導向的決策模型會很有幫助。我使用「簡化的（streamlined）決策實踐」取得了許多成功，包括：Thumb Voting/Roman Voting（拇指投票／羅馬投票）、Fist of Five（5 指表決法或

數支總和給分）、Dot Voting（記點投票），以及 Decision Leader Decides（決策領導者的決定）。

8.3.7 進行有效的會議

Scrum 的標準會議結構良好——會議角色、目的和基本議程均由 Scrum 定義，這讓會議得以正常進行，並確保充分利用時間。

在許多組織中，其他類型的會議非常浪費時間。針對一般會議，提供有效召開會議的指導是很有幫助的。這至少應該包括標準的指引，舉例來說：明確的會議目的；為會議將產生的決策或其他可交付成果設定明確的期望；寧願會議時間過短而非過長；只邀請能夠支援會議可交付成果的重要人士來參與；一旦達到目標就宣布會議結束等等。這方面有一個很好的參考資源：《*How to Make Meetings Work*》（Doyle, 1993）。

8.3.8 互動的雙贏心態

培養一種專注於協助他人取得成功的心態，可以在團隊中創造一種良性動力。我所知道的最好的模型，是國際扶輪社的 4 大考驗（Rotary International's Four-Way Test）（Rotary International）：

- 是否一切屬於真實？
- 是否各方得到公平？
- 能否促進親善友誼？
- 能否兼顧彼此利益？

通過 4 大考驗的任何決策或互動都可能會促成更強大的團隊。

8.3.9　一般的個人互動技巧

任何人都可以從定期審視他們的一般個人互動技巧中受益。Dale Carnegie（戴爾·卡內基）的《*How to Win Friends and Influence People*》是有效互動（有效溝通）的最佳指南，且它在近 100 年前進行研究時就已經是了（Carnegie, 1936）。

建議的領導行動

》 檢查

- 反思你的組織最大化個人能力的方法。這個方法是否包括每個人被錄用後的持續發展？

- 審查你的組織允許的專業發展時間。思考一下所允許的時間，實際上能促成多少的專業發展？

- 與你的員工聊聊。明確定義的職涯發展機會對他們來說有多重要？他們對目前從組織獲得的支持有多滿意？

- 查看組織中與技術無關的互動。你的員工召開會議、一起工作、與主管溝通以及展示其他軟實力的效率如何？

- 反思你在團隊中看到的衝突，無論是技術上的還是其他方面的。你如何評價員工的情緒智商水準（EQ）？

》 調整

- 請制定一個計畫，定期為專業發展分配時間。

- 透過使用 Construx 的 PDL（或其他方法），確保員工中的每個人都有一個對他們有意義的專業成長計畫。

- 請制定一個計畫，來提高團隊成員的人際互動能力，包括了解性格類型、在整個組織中進行溝通、解決衝突，以及培養雙贏心態。

其他資源

- Carnegie, Dale. 1936. *How to Win Friends and Influence People*.

  如果你上次閱讀這本書已經是好多年前了，請務必再讀一遍。儘管年代久遠，但你會驚訝這些內容仍然適用於今日。

- Doyle, Michael and David Strauss. 1993. *How to Make Meetings Work!*

  這是關於執行有效會議的經典討論。

- Fisher, Roger and William Ury. 2011. *Getting to Yes: Negotiating Agreement Without Giving In, 3rd Ed.*

  這是實現雙贏的經典著作。雖然表面上是關於談判技巧，但實際上是關於集體解決問題。

- Goleman, Daniel, 2005. *Emotional Intelligence, 10th Anniversary Edition*.

  最初提出「EQ 和 IQ 一樣重要」的一本書。

- Lencioni, Patrick. 2002. *The Five Dysfunctions of a Team*.

  這本簡短的商業書籍以寓言的形式寫成，記錄了一個團隊混亂的生活，然後提出了一個建立和維護健康團隊的模型。

- Lipmanowicz, Henri and Keith McCandless. 2013. *The Surprising Power of Liberating Structures*.

  這本創新的書籍描述了群體如何互動的許多模式或「解放結構」（liberating structures）。

- McConnell, Steve and Jenny Stuart. 2018. *Career Pathing for Software Professionals*. [Online]

  這份白皮書介紹了 Construx「專業發展階梯」（PDL）的背景和結構。相關的實作文件描述了通往架構師、品管經理、產品負責人、品質經理和技術經理的職涯路徑。

- Patterson, Kerry, et al. 2002. *Crucial Conversations: Tools for talking when the stakes are high*.

  這是一本可讀性很高的著作，它令人信服地證明，如果每個人都有參與關鍵對話的技能，世界會變得更美好。

- Rotary International, 2019. *The Four-Way Test*. [Online]

  線上搜尋「4大考驗」，會找到許多「過去與現在如何應用4大考驗」的描述。維基百科的文章是一個很好的總結。

- TRACOM Group, 2019. [Online]

  TRACOM 的網站包含了許多關於「社交風格模型」（Social Style model，Style 為單數）的資料，包括模型的概略描述、模型有效性的報告，以及社交風格模型與其他熱門模型的比較，例如 MBTI 測驗（Myers-Briggs Type Indicator，邁爾斯-布里格斯性格分類法）。

- Wilson Learning, 2019. [Online]

  Wilson Learning 網站包含了幾篇關於「社交風格模型」（Social Styles model，Styles 為複數）的文章，主要討論它如何應用於銷售。（用於非正式實踐時，TRACOM 的社交風格模型與 Wilson 的社交風格模型是相同的。）

- Yale Center for Emotional Intelligence. 2019. *The RULER Model.* [Online] 2019.

  描述 RULER 模型及其應用，主要關注在教育環境中使用該模型。

PART III

更有效的工作

本書的 PART III（第三部分）描述了「如何在敏捷專案中執行工作」的細節。其中討論了如何組織工作，以及處理大型專案工作時會遭遇的特殊問題。接著討論了幾種特定類型的工作，包括品質工作、測試、需求和交付。

如果你對高階領導力的探討更感興趣，不想了解太多詳細的工作問題，請跳至「PART IV：更有效的組織」。如果你的組織一直在大型專案中苦苦掙扎，請考慮閱讀「第 10 章」，然後再跳至 PART IV。

第 9 章

更有效的敏捷專案

前一章討論了如何組織和支持敏捷開發中的「人員」（people）。本章則討論如何組織和支持敏捷開發中的「工作」（work）。

大多數軟體開發工作都被組織成「專案」（project）。許多組織會使用其他術語來描述他們的專案，包括「產品」（product）、「程式」（program）、「發布」（release）、「發布週期」（release cycle）、「特性」（feature）、「價值串流」（value stream）、「工作串流」（work stream）等一些類似的字詞。

這些術語之間的差異也很大。有些組織認為「發布」是「專案」的現代說法；同時也有其他組織認為「發布」是指循序式開發，是一個已被棄用的說法·也有組織將「特性」定義為一個持續 1 到 2 年的、3 到 9 人規模的計畫（initiative）。在本章中，我將所有這些類型的工作統稱為「專案」——即許多人在一段持續的時間內，協作完成一個可交付成果。

9.1 關鍵原則：保持專案小巧

在過去的 20 年間，最廣為人知的敏捷成功來自於在小型專案中使用了敏捷。最初那 10 年的敏捷開發非常注重「保持專案小巧」（Keep Projects Small）——團隊一般由 5 到 10 人組成，例如：3 到 9 名開發人員、1 名產品負責人、1 名 Scrum Master。這種對小型專案的重視非常重要，因為小型專案比大型專案更容易成功完成，如圖 9-1 所示。

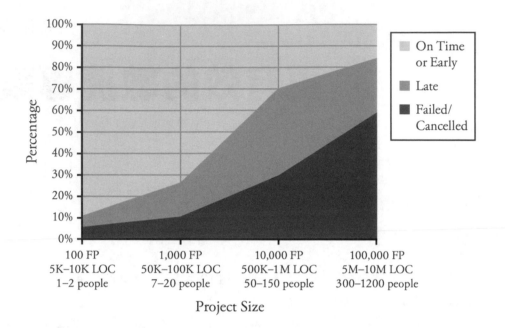

圖 **9-1**：專案越大，「按時（**On Time**）、按預算（**On Budget**）交付」的機率就越低，失敗（**Failed**）的風險也越高（**Jones, 2012**）。在這張圖中，**FP** 是 **function points** 的縮寫，指的是「功能點」的大小。**KLOC** 則是 **thousands of lines of code**，指的是「數千行程式碼」。在這張圖中，「功能點多寡」、「程式碼行數」（**LOC**）及「團隊規模」的比較是用近似（**approximate**）的方式。

在 20 多年的時間裡，Capers Jones 的研究一直提到小型專案比大型專案更容易成功（Jones, 1991）（Jones, 2012）。其中許多關於專案規模影響的研究結果，我在我的書中也進行了總結：《*Code Complete, 2nd Ed*》（McConnell, 2004）、《*Software Estimation: Demystifying the Black Art*》（McConnell, 2006）。

小型專案的成功往往有很多原因。較大型的專案涉及到較多的人，而且團隊成員之間的內部溝通，以及與不同團隊的外部聯繫，是呈現非線性地增加的。隨著互動的複雜性增加，溝通錯誤也會增加。溝通錯誤會導致需求錯誤、設計錯誤、程式錯誤──總歸一句，它們會導致錯誤！

此外，專案越大，錯誤「率」（rate）也越高，如圖 9-2 所示。這不僅僅是說錯誤的總數增加了──更大型的專案往往會產生不成比例的更多錯誤。

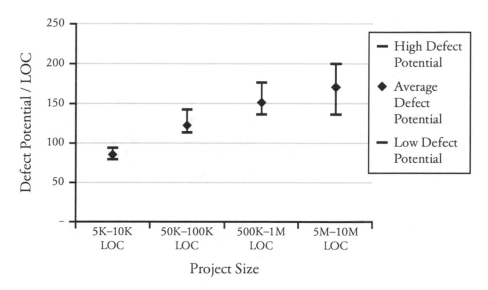

圖 9-2：專案越大，錯誤率（潛在缺陷（**Defect Potential**）數量）就越大。改編自（**Jones, 2012**）。

隨著錯誤率和總錯誤數的「上升」，缺陷檢測策略的有效性會隨之「下降」。這表示遺留在軟體中的缺陷會不成比例地增加。

修復錯誤所需付出的成本也會增加。因此，如圖 9-3 所示，較小型的專案具有最高的「人均生產力」（per-person productivity），而生產力會隨著專案規模的增加而下降。這就是所謂的「規模不經濟」（diseconomy of scale）。

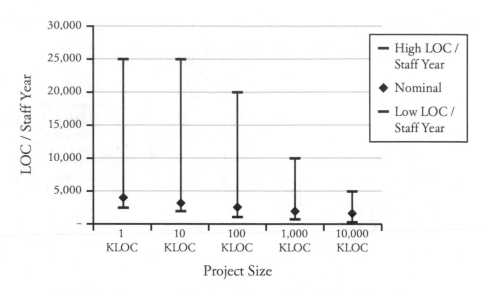

圖 **9-3**：專案越大，人均生產力就越低。改編自（**McConnell, 2006**）。

在過去的 40 多年間，規模與生產力之間的反比關係已經被廣泛地研究和驗證了。 Fred Brooks 在《*The Mythical Man-Month*》（Brooks, 1975）的第 1 版中討論了軟體的「規模不經濟」問題。Larry Putnam 在「軟體估算」（software estimation）方面的工作確認了 Brooks 的觀察結果（Putnam, 1992）。與「建構成本模型」（Constructive Cost Model，簡稱 Cocomo）估算相關的研究也用實驗證實了「規模不經濟」的存在，這在 1970 年代後期關於 Cocomo 的原始研究中，以及在 1990 年代後期更嚴格、更新的研究中（Boehm，1981）（Boehm，1981），皆有證明。

這裡的重點是：為了最大化一個敏捷專案成功的機會，要讓專案（和團隊）保持「越小越好」。

當然了，規定每個專案都很小是不可行的。你將在「第 10 章」中找到一些適合大型專案的做法，其中包括一些如何使它們更像小型專案的建議。

9.2　關鍵原則：保持 Sprint 簡短

「保持專案小巧」的一個必然結果是「保持 Sprint 簡短」（Keep Sprints Short）。你可能會認為小型專案就夠好了。但是 1 到 3 週的「簡短的 Sprint」能以多種方式支援專案的成功，如以下幾段所描述。

1：簡短的 Sprint 能減少中游需求，並提高對新需求的回應能力

Scrum 允許在兩個 Sprint 之間增加新需求。一旦有一個 Sprint 開始了，就只能等到下一個 Sprint 才能增加新需求。這說明了 Sprint 只有 1 到 3 週是合理的。

如果開發週期更長，增加需求的壓力就會增加，要求利害關係人延遲「他們的需求請求」就變得不那麼合理了。假設一個循序式開發週期為 6 個月，在這種情況下，要求利害關係人將「新需求的實作」延遲到下一個週期，就表示必須將該需求保留到下一個週期開始、在那個時間點新增它，然後一直到下一個週期結束時才能交付它。這平均需要耗時 1.5 個週期，也就是 9 個月。

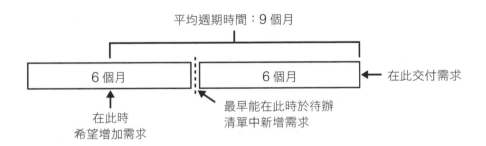

相比之下，在 Scrum 典型的 2 週一個 Sprint 中，利害關係人若想要一個新需求，平均只需等待 3 週的時間。

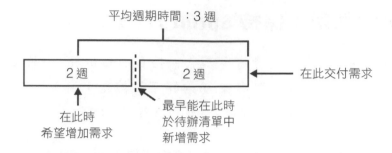

要求利害關係人等待 9 個月才能交付新需求通常是不合理的。而要求他們等待 3 週則普遍被認為是合理的。這表示 Scrum 團隊可以專心工作，不必擔心新需求會在 Sprint 中期被加進來。

2：簡短的 **Sprint** 能為客戶和利害關係人提供更多回應

每個 Sprint 都是一次新的機會，讓團隊得以展示可用的軟體、驗證需求，並整合利害關係人的回饋。透過典型的 2 週一個 Sprint，團隊每年能為自己提供 26 次的回應機會！若是以 3 個月為開發週期，他們就只有 4 次機會了。在 15 年前，「3 個月的時間表」會被認為是一項短期專案。但今天這樣的時間表則表示，你將錯失更多可以回應「利害關係人、客戶和市場」的機會。

3：簡短的 **Sprint** 能建立利害關係人的信任

隨著團隊更頻繁地展示進度，透明度更高，利害關係人會看到穩定的進展證據，這增加了利害關係人和技術團隊之間的信任。

4：簡短的 **Sprint** 能透過頻繁的「檢查和調整」週期來支援快速改進

團隊迭代循環（iterate）的次數越多，就越有機會反思自己的經驗、從中學習，並將學到的知識融入工作實踐當中。不同的交付頻率對客戶的回應能力有不同的影響，同樣的推論在這裡也適用：你願意讓你的團隊有機會每年進行 26 次

「檢查和調整」和改進？還是每年只進行 4 次？簡短的 Sprint 能幫助你的團隊更快地改進。

5：簡短的 **Sprint** 有助於縮短實驗

在 Cynefin 的「複雜」（Complex）領域中，必須先探索（probe）問題，然後才能理解整個工作範圍。這些探索應該被定義為「做最少的工作來回答一個特定的問題」。不幸的是，帕金森定律（Parkinson's Law）才是現實：『工作總會填滿它可用的完成時間。』除非團隊紀律格外嚴格，否則的話，如果安排 1 個月來解決問題，最後確實就會需要整整 1 個月。但如果只安排 2 週，通常就只需要 2 週。

6：簡短的 **Sprint** 能顯示成本和進度風險

簡短的 Sprint 也提供了頻繁檢查進度的機會。在新計畫（initiative）的幾個 Sprint 中，團隊將展示其「速度」（velocity）或「進度」。根據觀察到的進展，可以很容易預測整個發布需要多長時間。如果工作需要比原計畫更長的時間，那麼這會在幾週後變得明顯——「Sprint 的週期很短」更有可能讓現實被充分理解。「第 20 章」會提供更多詳細資訊。

7：簡短的 **Sprint** 能提高團隊責任感

當一個團隊負責每 2 週交付一次可執行功能時，團隊就沒有機會長時間「陷入困境」（go dark，也有保持沉默或暫停更新之意）。他們在 Sprint 審查會議上公開展示他們的工作成果，並每隔幾週就向利害關係人展示一次——更頻繁的是向產品負責人展示，看看工作成果能否被產品負責人接受，這樣就能清楚看見進展，團隊也會更有責任感。

8：簡短的 Sprint 能提高個人責任感

幾個世代以來，軟體團隊經常必須忍受所謂的「獨行俠開發人員」（prima donna developer，prima donna 有暗喻大頭症之意）：他們會走入黑暗的房間裡工作好幾個月，卻沒有任何進展的跡象。有了 Scrum 之後，這不再是問題了。團隊的「Sprint 目標」將帶來一定的同儕壓力，加上「每日站立會議」需要大家各自描述前一天所完成的工作——這些實踐都不會允許上述那種行為發生。開發人員可以選擇開始與團隊合作，這樣問題就解決了；或是開發人員頂不住壓力而選擇離開團隊，這也是另一種解決問題的方式。以我的經驗來說，這兩種結果都比讓某人不知不覺地工作數週或數月，最終卻發現「沒什麼進度」要來得好。

9：簡短的 Sprint 能鼓勵自動化

由於團隊必須經常收斂（converge，又譯整合或融合），簡短的 Sprint 會鼓勵讓一些任務自動化，否則這些任務既重複又耗時。通常自動化的領域包括建置、整合、測試、靜態程式碼分析等等。

10：簡短的 Sprint 能帶來更頻繁的成就感

每 2 週交付一次可執行軟體的團隊會體驗到一種頻繁的、反覆出現的成就感，而且有很多機會可以慶祝他們的成就。這有助於提高熟練度（專精），進而增加動力。

11：簡短的 Sprint 小結

整體來說，簡短的 Sprint 的價值可以總結為一句話：「交付速度」在各方面都贏過「交付範圍」。與以「不頻繁的節奏」交付大量功能相比，以「頻繁的節奏」交付少量功能提供了更多好處。

9.3 使用「基於速度的計畫」

「故事點數」（story point）是一種測量工作項目大小和複雜性的方法。
「速度」（velocity）則被用來測量進度，它基於待辦工作的完成率，而待
辦工作正是以「故事點數」來測量的。「基於速度的計畫」（velocity-based
planning）指的就是運用「故事點數」和「速度」來計畫工作，並且追蹤成果。

基於速度的計畫和追蹤並不是教科書 Scrum（標準 Scrum）的一部分，但根據
我的經驗，它應該算是。我建議應該按照以下方式使用「故事點數」和「速度」。

1：估算產品待辦清單的大小

故事點數的估算可用於確定產品待辦清單的大小。在產品待辦清單裡面，每一
個項目的大小都是使用故事點數來估算的，這些故事點數相加起來，就是產品
待辦清單的整體規模。在發布週期的早期階段就應該完成這件事，而隨著工
作被加入到產品待辦清單之中，或是從產品待辦清單之中刪除，故事點數的
總數也必須有所變動。必須做到怎樣的程度，這取決於團隊對「可預測性」
（predictability）的需求，我們會在「第 20 章」中討論這個議題。

2：計算速度

團隊使用故事點數來計算每個 Sprint 投入的工作量。團隊在每個 Sprint 中交
付的故事點數「數量」會成為團隊的速度。速度是按每個 Sprint 逐一計算出來
的，而（多個 Sprint 的）平均速度同樣也可以計算出來。

3：Sprint 計畫

團隊使用故事點數作為基礎，根據團隊觀察到的速度來計畫在 Sprint 中可以投
入多少工作。

如果一個團隊過去 Sprint 的平均速度是「20 個故事點數」，然而在提出 Sprint 目標的時候，團隊卻需要完成「40 個故事點數」，那麼團隊就應該縮減其計畫。如果其中一位團隊成員正在休假，或者，如果有多位團隊成員正要參加培訓，那麼團隊應該為這個 Sprint 承諾「比平均水準更少一些」的故事點數。如果「20 個故事點數」的平均速度，是許多深夜加班和週末努力所換來的，而且是不持續（不穩定）的，那麼團隊應該計畫一個較低的數字（數量）。如果團隊一直可以輕鬆地完成他們的 Sprint 目標，這表示他們或許可以承諾「比其平均速度更高」的數字。無論如何，在所有情況下，團隊都應該使用「平均速度」（average velocity）作為 Sprint 計畫的現況檢查（reality check）。

4：發布追蹤

平均速度可用於「估算」或「預測」完成產品待辦清單所需的時間。如果產品待辦清單包含 200 個故事點數，而團隊在每個 Sprint 的速度為 20 個故事點數，那麼團隊應該需要大約 10 個 Sprint 才能完成待辦清單中的工作。我將在「第 20 章」中詳細介紹它是如何運作的。

5：考慮流程改善、人員變動和其他變更的影響

速度可用於測量流程改善、人員變動和其他變更的影響。我將在「第 19 章」中詳細探討這個議題。

9.4 關鍵原則：以垂直切片的形式交付

為了讓「簡短的 Sprint」能夠運作，團隊需要具備「頻繁地交付小塊的可執行功能」的能力。用於支持這一點的設計方法被稱為「垂直切片」（vertical slicing），它指的是在每個架構層中進行更改，以提供增量式功能或價值。

每一塊「垂直切片」都代表（垂直地貫穿）整個技術堆疊（stack）的功能，例如：「將此欄位新增到銀行對帳單中」或是「加快一秒提供交易確認給使用者」。前述每個範例通常都需要在整個技術堆疊中進行工作，如圖 9-4 所示。

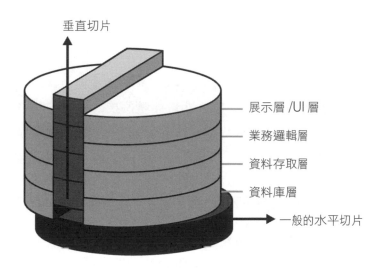

圖 **9-4**：水平切片（橫切）和垂直切片（縱切）。垂直切片包括交付增量式功能所需的所有架構層的工作。

垂直切片通常更容易讓非技術出身的利害關係人理解、觀察和評估商業價值。團隊將得以更快發布，並理解實際的商業價值和真實的使用者回饋。

專注於水平切片的團隊可以同時進行多個 Sprint，處理在某種意義上「富有成效」但不會產生明顯商業價值的「故事」。

團隊有時會反對垂直切片，通常是基於效率。例如，他們會爭辯說，在轉移到 UX 層之前，在業務邏輯層完成大量工作會更有效率。這種方法被稱為「水平切片」（horizontal slicing）。

在某些情況下，在水平切片中工作可能會取得一定的技術效率，但這種技術效率往往是局部的「次要優化」（sub-optimization），會被「更大（全局）的

價值交付考慮」比下去。與「水平切片可以提高效率」的說法相反，我們公司發現，許多團隊在交付水平切片時經歷了大量的重工（rework）。

1：垂直切片支持「更緊密的回饋迴圈」

垂直切片能將功能更快速地呈現到企業客戶面前，進而為功能「正確性」提供更快速的回饋。

因為垂直切片需要端到端的開發工作（即貫穿整個技術堆疊的開發工作），所以它能促進團隊協作，一起完成設計與實作的假設，進而為團隊提供有用的、由上而下的技術回饋。

此外，垂直切片也支持端到端的測試，進而強化了（縮緊了）測試的回饋迴圈。

2：垂直切片支持「交付更高的商業價值」

非技術出身的業務利害關係人更容易理解垂直切片，這提高了商業決策的品質，為「新功能的開發」與「舊功能的修改」安排更合理的優先順序。

由於垂直切片能提供完整的功能增量，因此，這大幅提升了將「可執行功能」更頻繁地交付到使用者手中的機會，進而增加了商業價值。

水平切片會導致「架構即產品」而不是「產品即產品」的開發心態（即關注架構而非產品本身）。這將導致團隊多做一些技術工作（這些技術工作對於支援已交付功能來說是不需要的），或是多做一些降低交付價值的實踐。

3：團隊需要什麼來實作垂直切片？

在垂直切片中做交付，可能是一件具有挑戰性的事情。它取決於團隊的組成，包括業務、開發和測試的能力，而這又包括跨整個技術堆疊工作的技能。

團隊可能還需要切換設計和實作的思維，也就是從「元件」（或水平切片的形式）轉移到「垂直切片」。有些團隊缺乏這樣做的設計技能，因此需要好好開發這些技能（並在開發過程中得到相應的支援）。

最後，我們需要以垂直切片的形式提供工作給團隊。產品負責人和開發團隊必須一起以垂直切片的形式處理（精煉）待辦清單。

9.5 關鍵原則：管理技術債

「技術債」（Technical Debt）是指過去低品質工作的累積，減緩了現在的工作效率。典型的例子是一個脆弱的程式庫（code base），其中每次修復錯誤的嘗試都會暴露一個或多個額外的錯誤。即使只是簡單的 bug 修復，也會變成耗時的、需要同時修復多個 bug 的活動。

技術債可能包括低品質的程式碼、低品質的設計、脆弱的測試套件、難以使用的設計方法、拙劣的建置環境、緩慢的手動流程，以及其他為了短期收益而犧牲長期生產力的東西。

9.5.1 技術債的後果

在優先考慮「短期發布」的壓力下，就會選擇犧牲軟體的「品質」，累積下來的結果就是技術債。從整體觀點去看專案的投入和產出時，必須考慮隨時間累積的技術債對專案造成的影響：

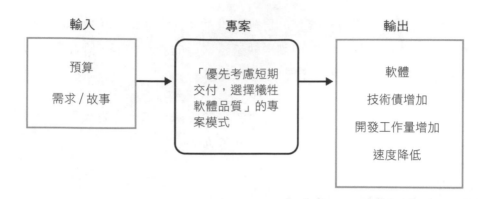

企業和技術團隊可以有充分的理由來選擇承擔一些技術債。有些發布是有時效性的，當下為了換取更快的產出，寧可選擇以後再進行額外的工作。

然而，在沒有計畫如何管理技術債的情況下，會使得債務隨著時間累積，這種模式最終會降低團隊的速度。一個團隊應該要有一個能將「技術債」維持在可管理水準的計畫，這樣團隊才得以保持甚至是提升速度：

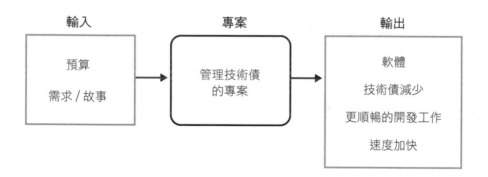

Kruchten、Nord 和 Ozkaya 曾展示過一個技術債時間表（時間軸），如圖 9-5 所示。這個深具洞見的時間表說明了：技術債的產生方式、它們的商業價值（如果有的話），以及它們為何最終變成了一種負債而非資產。

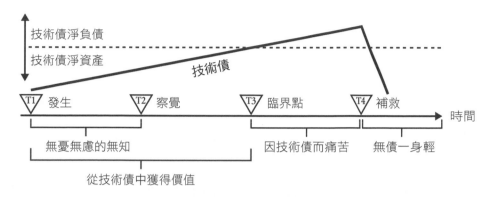

圖 9-5：技術債時間表（**Kruchten, 2019**）。

對於未開發工作（greenfield，即剛起步的全新專案），團隊可以避免在第一
時間就累積技術債。對於遺留工作，團隊通常別無選擇，只能處理他們繼承的
技術債。在任何一種工作中，如果團隊對技術債的管理不善，他們的速度就會
隨著時間逐漸降低。

9.5.2 償還技術債

團隊償還技術債的方法各不相同。有些團隊會把「每個開發週期（Sprint 或發
布）的一部分」保留給償還技術債的工作，其他團隊則把「減少技術債的項目」
放入他們的產品待辦清單或缺陷清單（defect list）當中，並讓「減少技術債
的工作」與「其他工作」一起進行優先順序排序。無論如何，關鍵是「技術債」
有被明確管理。

9.5.3 技術債的種類及回應方式

並非所有技術債都是相同的，而且有各種針對技術債的分類方法。這是一個我
認為很實用的分類方法：

- **故意債（短期）**。出於戰術（tactical）或戰略（strategic）原因而承擔的技術債，例如：準時部署一個有時效性的發布。

- **故意債（長期）**。出於戰略原因而承擔的技術債，例如：決定一開始只支援一個平台，而不是從一開始就設計和建置多平台的支援。

- **無意債（惡意）**。由於「劣質的軟體開發實踐」而意外產生的技術債。這種技術債會拖累現在和未來的工作，應該避免。

- **無意債（善意）**。由於「軟體開發容易出錯的性質」而意外產生的技術債（「我們的設計方法沒有像我們想像的那樣奏效」或「新版本的平台讓我們設計中的許多重要部分變得無效了」）。

- **遺留債**。新團隊在舊程式庫上所繼承的技術債。

表 9-1 說明了回應這類技術債的建議做法。

表 **9-1**：技術債的種類及回應方式。

技術債的種類	建議的回應方式
故意債（短期）	出於商業考量而承擔的技術債；需盡快還清技術債。
故意債（長期）	必要時所承擔的技術債；定義償還技術債的觸發條件。
無意債（惡意）	一開始就使用高品質的工作實踐來避免技術債。
無意債（善意）	就其性質而言，這種技術債是無法避免的。監控技術債的影響，並在「債務利息」變得過高時還清。
遺留債	建立一個隨著時間逐步減少技術債的還債計畫。

9.5.4　討論技術債的價值

在技術人員與業務人員的討論中，我發現「技術債」是一種促進溝通的實用隱喻。業務人員往往不知道「持續承擔技術債」的成本，而技術人員往往不知道（欠下技術債所能帶來的）業務收益。在某些情況下，「故意（主動）承擔技

術債」是一個很好的商業決策，在某些情況下則不然。「技術債」的概念有助於有意義地分享「技術方面的顧慮」與「商業方面的考量」，進而就「何時以及為何承擔技術債」和「何時以及如何償還技術債」做出更優質的決策。

9.6 好好安排工作，避免陷入過勞

敏捷純粹主義者的觀點是每個 Sprint 的長度應該是相同的（這就是所謂的「共同節奏」（common cadence），即固定長度）。如果一個團隊能夠很好地容忍共同節奏，那麼就沒有理由改變它。共同節奏也讓「速度計算」與「Sprint 計畫的其他方面」更加簡單直接。

然而，關於 Scrum 實作的一個常見抱怨是「永無止境的連續 Sprint」最終會導致所謂的「Sprint 疲勞」，或讓人感覺像是在 Sprint 倉鼠滾輪上奔跑著。若是在循序式開發中，工作之間會有自然的低谷（trough），特別是在各個主題之間，這可以很好地平衡「高強度時期」所帶來的疲憊。如果每個 Sprint 都是真正的 Sprint（一直在衝刺），那麼在「持續 Sprint」的情況下，就不會為團隊留下紓壓喘息的低谷。

「Sprint 疲勞」的一種解藥是偶爾改變 Sprint 的長度。有一個系統化方法是使用 $6 \times 2 \times 1$ 模式—— 6 個 2 週的 Sprint 加上 1 個 1 週的 Sprint，總共 13 週，可以每季執行一次。或者，可以在主要版本發布後、假期前後，或是團隊速度可能無論如何都不穩定時，進行較短的 Sprint。在為期 1 週的 Sprint 中，團隊可以在基礎設施或工具上工作、參加培訓或團隊建立（Team Building）等活動、舉辦駭客日（Hack Day）、處理技術債、專注於那些「因為太大而無法在常規 Sprint 中做處理」的改進，或其他類似的工作。

不同的 Sprint 節奏也支持敏捷所謂的「穩定步調」（sustainable pace）理念。如今大部分的敏捷書籍都將「穩定步調」解釋為「晚上或週末絕不加班」。我

認為這是過度簡化的，忽略了個人工作偏好的差異。每週固定 40 小時對某些人來說是一種穩定的節奏，但對另一些人來說，這就是無聊的菜單。我個人在「突發模式」（burst mode）下完成了大部分最好的工作——幾週 55 小時，之後幾週 30 小時。平均每週工作時間可能約為 40 小時，但個別週的工作時間並不是很接近 40 小時。構成「穩定步調」的細節對於每個人來說都不盡相同。

9.7 其他注意事項

9.7.1 非專案的軟體開發工作

即使考慮到本章開頭描述的許多定義，也不見得所有的軟體開發工作都會發生在專案之中。臨時的個人軟體工作是很常見的，例如處理支援工單（support ticket）、生產問題、修補程式（patch）等等。

這種工作當然可以稱為軟體開發工作，而且也適合敏捷實踐。透過 Lean 和 Kanban 等敏捷實踐，它們可以變得更有效率、更高品質、更有條理。然而，根據我的經驗，與專案規模的軟體開發工作相比，這類工作通常不會讓組織感到苦惱，因此本書將重點放在專案而不是這些臨時的工作串流之上。

建議的領導行動

》檢查

- 檢查你的組織的專案成果歷史。你的組織的經驗是否符合「小型專案比大型專案更容易成功」的一般模式？

- 檢查你的專案組合（portfolio）。哪些大型專案可以分解為多個小型專案？

- 檢查團隊的節奏（cadence）。他們的 Sprint 長度是否超過 3 週？

- 調查你的團隊是否正在以垂直切片的形式交付工作？

- 調查你的團隊是否正在使用基於速度的計畫？

- 與你的團隊聊聊「技術債」的議題。他們對「自己背負了多少技術債」以及「是否允許他們償還技術債」有何看法？

≫ 調整

- 鼓勵你的團隊在建立他們的 Sprint 目標時考慮他們的速度。

- 制定一個計畫，確保你的團隊有能力交付垂直切片，這包括開發團隊的設計能力，以及產品負責人精煉待辦清單的做法。

- 鼓勵你的團隊制定一個計畫來管理他們的技術債。

其他資源

- Brooks, Fred. 1975. *The Mythical Man-Month*.

  雖然這本書已出版多年，但《人月神話：軟體專案管理之道》仍是一本經典之作，它是最早描述「如何在大型專案中取得成功」的書籍，並為「面臨哪些挑戰」提供了精闢見解。

- McConnell, Steve. 2019. Understanding Software Projects Lecture Series. *Construx OnDemand*. [Online] 2019.

  這些系列講座廣泛地討論了與「專案規模」相關的軟體動態（software dynamics）。

- Rubin, Kenneth, 2012. *Essential Scrum: A Practical Guide to the Most Popular Agile Process*.

  這是一本全面的 Scrum 指南，描述了「故事點數」和「速度」在 Sprint 計畫和發布計畫中的使用。（編註：博碩文化出版繁體中文版《*Essential Scrum* 中文版：敏捷開發經典》。）

- Kruchten, Philippe, et al. 2019. *Managing Technical Debt*.

  這是一本完整又深思熟慮的書，詳細探討了技術債的各個方面。

第 10 章

更有效的大型敏捷專案

古生物學家 Stephen Jay Gould（史蒂芬・傑・古爾德）曾說過這樣一個故事
（Gould, 1977）。有兩個女孩在遊樂場上交談，其中一個女孩說：『如果蜘
蛛能和大象一樣大怎麼辦？會不會很可怕？』另一個女孩回答說：『才不會呢。
如果蜘蛛和大象一樣大，牠看起來就會像一頭大象了，傻瓜。』

Gould 繼續解釋說，第二個女孩是對的，因為生物體的大小確實決定了生物體
的樣貌。蜘蛛可以飄浮在空中而不會（掉下來）傷了自己，是因為來自空氣的
摩擦力比重力更大。但是大象太重了，飛不起來。重力是一種比摩擦力大得多
的力。蜘蛛在成長過程中可以丟棄並分泌新的外骨骼，因為牠很小；但大象太
大了，無法承受從脫皮到重新生長的這段時間，所以牠必須有內骨骼。Gould
得出的結論是，如果蜘蛛和大象一樣大，那麼牠看起來會更像一頭大象，因為
這是牠變大的必然結果。

對我們來說，軟體專案也有一個類似的問題：『如果敏捷專案真的很大怎麼辦？
會不會很可怕？』好吧，也許這並不可怕，但前述關於大象與蜘蛛的一系列分
析，對於專案來說也是適用的。

10.1 敏捷在大型專案中有什麼不同？

在大型「敏捷」專案中如何富有成效？這個問題並不是一個正確的問題。自軟體問世以來，許多組織一直在各種大型專案中苦苦掙扎（Brooks, 1975）。他們也在小型專案中苦苦掙扎。敏捷實踐，尤其是 Scrum，讓小型專案更頻繁地取得成功，所以讓我們把重點轉移到仍在掙扎的大型專案吧。

10.2 大型專案中的敏捷重點

不同的組織對於「大型」的定義可能完全不同。我們曾與某些組織合作，在這些組織中，任何需要多個 Scrum 團隊的專案都會被認為是大型專案。而在其他組織中，少於 100 人的專案卻被認為是中型或小型專案。「大型」的基準是浮動的。本章所描述的內容，對於任何涉及 2 個或更多個團隊的專案來說，都是適用的。敏捷開發中有一些重點也支持大型專案，然而有一些則必須修改。表 10-1 總結了（「第 2 章」提過的）敏捷重點（Agile Emphases）如何在這些大型專案中發揮作用。

表 10-1：大型專案的敏捷重點。

敏捷重點	給大型專案的建議
短發布週期	理想的情況是大型專案團隊也擁有短發布週期。
以小批次進行的端到端開發工作	沒變；大型專案團隊仍然可以小批次地完成端到端開發工作，儘管需要一些更高層級的協調。
高階的事前計畫以及即時的詳細計畫	需要增加事前計畫的比例。
高階的事前需求以及即時的詳細需求	越大型的專案需要越多的需求協調，這表示從開始精煉到完成實作的前置時間（lead time）變得更長了。

敏捷重點	給大型專案的建議
浮現式設計	隨著專案規模變大,錯誤和重新設計的成本也跟著增加;為了支持大型專案,這是必須修改的一個主要敏捷實踐。
持續測試,整合到開發團隊中	無論專案規模如何,這都是一個很好的重點。在大型專案中,測試類型會更傾向於重視整合測試/系統測試。
頻繁的結構化協作	這個重點在大型專案中變得更加重要;具體的協作形式將會改變。
整體做法是經驗主義、反應靈敏、改進導向的	這個重點在大型專案和小型專案中同樣有效。

「小批次地完成端到端開發工作」,這個敏捷重點支持著大型專案的有效運作;此外,對「持續測試、頻繁的結構化協作和 OODA」等等的重視,也同樣支持著大型專案的有效運作。

大型專案需要更多的事前計畫、事前需求與設計。雖然團隊成員不需要像在循序式開發中那樣預先完成所有工作,但他們需要的不僅僅是一般的敏捷。這對 Sprint 計畫、Sprint 審查、產品待辦清單結構、待辦清單精煉、發布計畫和發布燃盡圖都會有影響。大型專案至少和小型專案一樣,都能從持續測試中獲益,但測試的重點需要改變──大型專案需要更多的整合測試和系統測試。

下圖是敏捷重點如何隨著專案規模變大而發生變化的視覺化總結：

敏捷重點	團隊數量 (5 到 10 人的)			
	1	2	7	35+
短發布週期	重點視專案情況而定			
小批次地端到端開發	同樣重視			
即時計畫				
即時需求				
浮現式設計				
持續測試、整合測試	同樣重視			
頻繁的結構化協作	同樣重視 (但協作形式可能改變)			
整體做法是經驗主義、反應靈敏、改進導向的	同樣重視			

☐ 即時完成的工作　　■ 事前完成的工作

接下來的段落將介紹，為了支持「成功的大型敏捷專案」需要做出哪些的調整與因應。

10.3 Brooks 定律

如何在一個大型專案中更有效地融入敏捷實踐？Fred Brooks 在他的《*The Mythical Man-Month*》（Brooks, 1975）中提出了一種觀點。在討論 Brooks 定律（Brooks' Law）的過程中，即『在一個時程已經落後的軟體專案中增

加人手，只會讓它更加落後」，Brooks 認為，如果工作可以「完全劃分」
（completely partitioned），Brooks 定律就不一定適用。

這與大型專案的討論直接相關，因為大型專案的理想是將其分解（拆分）為一
組「完全劃分」的小型專案。如果你能成功做到這一點，你將在許多方面受益。
如「第 9 章」所述，你將提高人均生產力並降低錯誤率。你還將敞開大門，迎
接（更加強調）「敏捷開發實踐」而不是「循序式開發實踐」。

然而，正如 Brooks 所指出的，將一個大型專案分解為多個小型專案所面臨
的挑戰是實現「完全劃分工作」的目標。「完全劃分工作」（completely
partitioning the work）是困難的，如果工作只是「大致劃分」（mostly
partitioned）——這表示仍然需要在不同專案團隊之間做協調——那麼多個小
型專案會開始看起來（甚至表現得）更像是一個大型專案。你將失去你想要實
現的成果。

10.4　康威定律

如果不了解「康威定律」（Conway's Law），你將無法理解大型專案，也無
法最大化它們的敏捷力。正如我在「第 7 章」中所描述的（本書第 90 頁），
康威定律指出：「一個系統的技術結構」反映了「建置這個系統的人力組織的
結構」。

如果技術設計是基於一個大型的單體式架構（monolithic architecture），那
麼專案團隊也只能是一個大型的、單一的團隊；如果專案團隊試圖改變成任何
其他不同的結構，只會面臨巨大的挑戰和困擾。

結合「康威定律」與「Fred Brooks 的想法」，我們可以這樣總結，對於大型
敏捷專案來說：一個大型系統的理想架構理應支持不同團隊之間工作的「完全

劃分」。這種理想在某些系統上比在其他系統上更容易實作。尤其是遺留系統，通常需要採用某種「先爬，再走，最後才跑」的方式。

10.5 關鍵原則：透過架構支持大型敏捷專案

為了讓系統架構支持「完全劃分工作」，我們必須預先完成一些「架構」的工作。有些舊系統可以朝「鬆散耦合架構」（a loosely coupled architecture）的方向發展，但對於新系統來說，這表示必須預先完成架構設計，以便將工作劃分給多個小團隊。

有些敏捷團隊會拒絕做「BDUF」（Big Design Up Front，事前進行大量設計），說它「不是敏捷」。但正如 Stephen Jay Gould 所暗示的那樣：（敏捷）方法的核心重點皆集中在「保持專案小巧」的實踐，這時，當你試圖在大型專案上應用這樣的（敏捷）方法時，你就必須付出一些代價。你不能期望專案成功擴展，卻不改變任何東西。

如果充分考慮了康威定律，那麼唯一真正需要修改的因素，就是對「浮現式設計」的強調，以及這樣做所需要的計畫方式。專注以「允許工作完全劃分」為目標來做事前架構，可以讓團隊保持小規模，這表示敏捷的其餘重點可以維持不變。對「浮現式設計」的關注，仍然可以保留在每個小團隊「已經高度劃分的工作領域」內。

針對小型敏捷團隊的關注剛好碰到了「微服務架構」（microservices architecture）的崛起，這並非巧合。微服務架構的目標是將應用程式建構為多個「鬆散耦合」的小服務。同樣的，建構大型敏捷專案的目標也是將人力組織建構為多個「鬆散耦合」的小團隊。

成功建構一個大型系統並使其支持「完全劃分工作」的組織，並不會認為自己擁有的是一個大型專案。他們感覺更像一群獨立工作的小團隊，而他們唯一的共同點，就是他們碰巧都在為一個共同的程式庫做出貢獻。

缺乏架構會導致我同事說的一個狀況，他稱之為「雪花效應」（snowflake effect）——每個開發功能都是一片獨特的雪花，其設計與其他雪花不同。這會為開發工作帶來巨大的成本，因為團隊成員必須了解每一片雪花的細節，才能在程式碼的每個區域有效地工作。專案越大，這個問題就越嚴重。如果你有夠多的雪花，最終你會遇到雪崩！

10.5.1 具體的架構建議

有關「架構」的訓練及指導超出了本書的範圍，但以下段落包含了對架構方法的簡短描述，它們能夠支援在大型專案當中工作的小型團隊。這些是比較技術性的討論，所以如果你的工作不是以技術為導向的（你沒有太多技術背景），請直接跳過。

1：基礎——鬆散耦合、模組化（modularity）

請努力實作一個鬆散耦合架構（可能的話，請進行模組化和分層），提高程式碼可讀性，降低程式碼複雜性。

架構不需要是完美分解的微服務程式碼。它只需要提供足夠的靈活性來支援業務需求即可。

有時候我們談論的終極目標是將你的系統分解為多個微服務，例如 50 個。它們可以是高度模組化的，在擁有自己資料庫的自行託管容器中執行。每個微服務都可以擁有自己經過版本化和身分驗證的 API。它們都可以發布到生產環境中並獨立擴展，以此趨向於擁有「50 個完全劃分的開發團隊」的目標。

這都是很棒的願景，有時也確實有效！但是，如果你系統中的某些處理路徑呼叫到系統的其他部分，而這些部分又呼叫到系統的另外其他部分（這被稱為「高扇出」（high fan out）），那麼你最終可能會在軟體中遭遇「大量的處理瓶頸」，並在不同微服務團隊之間遭遇「大量的溝通瓶頸」。對於軟體和團隊結構來說，更好的做法是將系統聚合（aggregate）成為更少的微服務。（編註：Steve McConnell 在《*CODE COMPLETE 2* 中文版》當中是這樣解釋「高扇出」的，在此摘錄給讀者們參考（該書第 83 頁）：『低扇出就是說讓一個類別裡少量或適中地使用其他的類別。高扇出（超過約 7 個）說明一個類別使用了大量其他的類別，因此可能變得過於複雜。』）

好的解決方案取決於「對設計的技術判斷」和「對團隊組織的管理判斷」這兩者的結合。

2：避免使用單體資料庫

避免使用單一大型資料庫有助於支持劃分團隊。鬆散聯合（loosely federated）的資料庫可以協助團隊實現鬆散耦合和強大的模組化。但是，根據系統各部分之間的關係，也有可能會建立複雜的交互作用，進而導致顯著的開銷、延遲和出錯的機會。需要結合「技術判斷力」和「團隊管理判斷力」來了解應該要將系統劃分到怎樣的程度，才能支持鬆散耦合的團隊，同時又維持高品質的技術解決方案。

3：使用佇列

透過使用「佇列」（queue）來進行解耦（decoupling）或時光平移（time shifting），這樣的方式也可以支持鬆散耦合的開發團隊。抽象地說，這包括把任務放入一個「佇列」中，以供系統的另一部分稍後處理。「稍後」可能是幾微秒之後。本指導原則中的關鍵概念是，系統不僅僅是在一個即時、嚴格的「請求－回應迴圈」中執行其大部分程式碼。使用「佇列」能夠在「系統功能

的關鍵部分」之間實現更高程度的解耦，而這能協助實現「架構上的解耦」以及「開發團隊間的解耦」（康威定律的另一個實例）。

考慮系統架構中的關鍵「接縫」（seam）也很有幫助。「接縫」代表一個邊界（boundary）：在該邊界內，有很多交互作用，但若跨越邊界，則沒有太多交互作用。為了鬆散耦合，使用佇列來處理跨接縫耦合可能很有用。但與微服務的範例一樣，也有可能做得太過頭了—— 50 個處理程序管理 50 個任務佇列，任務佇列之間還有依賴關係，這會產生一系列不同的耦合問題，最終可能比佇列試圖解決的那個問題還更糟糕。

4：運用合約式設計

合約式設計（Design by Contract，DbC）是一種特別關注介面（interface）的設計方法（Meyer, 1992）。每個介面都被認為具有前置條件和後置條件。「前置條件」（pre-condition）是元件的使用者對元件做出的承諾，關乎於元件在被使用之前為「真」（true）的條件。「後置條件」（post-condition）是元件向系統其餘部分做出的承諾，關乎於元件在完成其工作後將成為「真」的條件。

請把康威定律放在心上，你就可以使用合約式設計來消除「技術依賴關係」對工作流程造成的影響。「合約」將會統籌管理軟體系統各部分之間的介面，並在不知不覺中，也為團隊成員之間的溝通設定相同的期望。

10.6 大型專案中協作形式的轉變

許多敏捷實踐還是建立在面對面溝通的功效（efficacy）之上。很多資訊仍是以團隊口頭溝通的形式出現。舉例來說，有些敏捷需求的編寫者明確地表示，任何需求的主要部分都是關於需求的「對話」。許多團隊發現，這在小型專案中效果很好。

就其性質而言，大型專案的成員更多，成員在地理上更分散（即使是在同一園區的不同建築物中），專案也需要更長的時間。而隨著專案發展，經常會有新人加入專案，也會有舊的成員離開專案。

要讓大型敏捷專案取得成功，「所有知識都可以透過口頭溝通來表達」的這個期望就必須做出修改。有更多工作必須預先完成，而且這些工作必須被記錄下來，好讓沒有參與原始對話的人也可以理解。

10.7 大型專案的協調挑戰

不僅僅是在敏捷專案中，一般來說，許多擴展（scaling，規模化）軟體開發的方法都會「誤診」隨著專案擴展而需要發生的那種「協調」（coordination）。你的專案越大，你就越需要「需求」、「架構」、「配置管理」、「QA ／測試」、「專案管理」和「流程」等等所有的「非寫程式活動」。然而關鍵問題是，這些領域中的任何一項活動是否需要更快地擴展（更頻繁地出現），或者，是否需要團隊之間做出更多的協調？

根據經驗顯示，最常見的挑戰來源是「需求」。以我的經驗來說，大型專案中最常出現的協調問題，按照出現頻率排序如下：

- 需求（最常見的）
- 架構（在設計密集型（design-intensive）的系統上最常見）
- 配置管理／版本管理
- QA ／測試
- 專案管理
- 流程

當你考慮如何處理一個更大型的專案時,可以使用這個清單作為參考,看看哪些領域最有可能出現挑戰。你還應該檢查一下你的組織的大型專案,了解這些專案最常出現挑戰的來源,並為這些領域好好規劃一下你的協調方式。

10.8 大型敏捷專案計分卡

在大型敏捷專案會出現挑戰的主要領域中,我們發現,對「專案績效」(project performance)進行評分是很有用的。圖 10-1 顯示了一個大型專案星狀圖的範例。這張圖使用與「Scrum 計分卡」(第 4.8 節)相同的指標(計分方式):

- 0:未使用
- 2:使用不頻繁且無效
- 4:偶爾使用,效果奵壞參半
- 7:持續有效地使用
- 10:最佳化

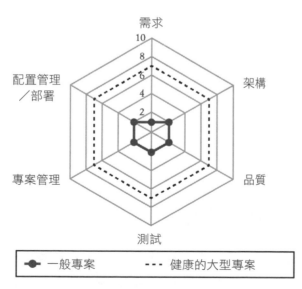

圖 10-1:這是一個診斷工具,根據大型專案的關鍵成功因素,來顯示大型專案的績效(即表現)。

灰線（實線）反映了我們公司所見到的平均做法。虛線顯示了一個健康的大型專案。為了有很大的成功機會，一個大型專案應該有 7 分或更高的分數。

以下是更多關於績效類別的細節：

- **需求**。多團隊的需求實踐，包括產品管理、產品待辦清單、待辦清單精煉、系統展示（demo）或多團隊的 Sprint 審查等等。

- **架構**。根據專案規模調整設計實踐；架構跑道（architectural runway）或類似的東西。

- **品質**。多團隊的品質實踐，包括系統回顧或「檢查和調整」（Inspect and Adapt）會議；產品層級和團隊層級的品質指標（quality metrics）；產品層級的完成定義（Definition of Done）。

- **測試**。多團隊的測試自動化基礎設施；整合測試；端到端系統測試；效能、安全性與其他專業測試。

- **專案管理**。依賴關係管理；多團隊的計畫或 PI 計畫（Program Increment Planning）、Scrum of Scrums、產品負責人同步；產品層級的追蹤／發布燃盡圖。

- **配置管理／部署**。程式碼和基礎設施的版本控制；開發維運（DevOps）；部署管線（deployment pipeline）；發布管理。

與一般業界的經驗一致，我們審查過的大型專案，其平均得分（即表現）明顯低於小型專案。

10.9 從 Scrum 開始

「第 4 章」中曾告訴各位讀者要「從 Scrum 開始」做起，這個忠告在大型專案環境中尤其重要。如果你的專案在小範圍內表現不佳，那麼它們在大範圍內的表

現會更差。確保你的小型專案經常成功，並從那裡開始。正如 Barry Boehm 和 Richard Turner 在《*Balancing Agility and Discipline*》中所寫的那樣，擴大「小型流程」往往比縮小「大型流程」效果更好（也就是說，從「小型專案」開始向上發展往往比從「大型專案」開始向下分解效果更好）（Boehm, 2004）。

10.10　其他注意事項

10.10.1　Scrum of Scrums

Scrum of Scrums（SoS）是一種將 Scrum 擴展到多個團隊的做法。專案之間每週召開一次或多次 SoS 會議。每個團隊都會派出一名大使（ambassador）參加會議，會議的執行方式與 Scrum 團隊的 Daily Scrum 類似。

SoS 的目的是擴展由「多個 Scrum 團隊」執行的工作，乍看之下，這似乎是一種合乎邏輯的做法，但實際上我們很少看到這種做法取得成功。在我看來，原因之一是 SoS 選擇 Scrum Master 作為參與這些協調會議的預設大使。這種選擇的假設是，最常見的挑戰來源將出現在「流程」（process）和「一般工作流程」（general workflow）的領域中，但實際上經驗告訴我們，「需求」（requirement）才是最常見的挑戰來源。在一般情況下，讓產品負責人（而非 Scrum Master）參與協調會議是更有用的。

10.10.2　SAFe

SAFe（Scaled Agile Framework，擴展敏捷框架）是一個複雜的框架，用於在大型企業中擴展敏捷。迄今為止，在與我們合作過的公司當中，SAFe 是大型敏捷專案最常用的方法。SAFe 是結構嚴謹的，它一直在穩步發展和改進，它也有一些真正實用的元素。話雖如此，在我們指導過的多家公司當中，只有少數對他們的SAFe實作感到滿意，而且這些實作內容都經過了高度的客製化。

在我們公司與各種軟體公司的合作中,我們發現,小公司都認為自己是獨一無二的,然而事實並非如此。他們有同樣的問題,可以用同樣的方法解決。大公司都認為一定有其他公司和他們一模一樣,但其實並沒有。他們需要時間成長、發展和完善獨特的技術實踐,以及獨特的商業實踐和文化。

Scrum 作為小型專案的模板(template)是有意義的。SAFe 無法像 Scrum 之於小型專案那樣,為大型專案提供普遍的適用性。SAFe 必須高度適性化(適應化),適應(調整)到一定程度時,不如說它更像是一個有用的工具集,而不是一個整合的框架。如果你確定要使用 SAFe,我們建議你從 Essential SAFe(SAFe 的最小版本)開始,並從那裡進一步建置。

建議的領導行動

》 檢查

- 從康威定律的角度出發,與關鍵技術主管們討論你的架構。你認為人力組織在哪些方面與技術組織保持一致?在哪些方面則沒有保持一致?

- 檢查你最大的專案的人力組織。工作在多大程度上是真正劃分的(劃分的 vs. 單體的)?人力組織中的「溝通路徑」網路有多複雜,這又如何反映在軟體架構上?

- 檢查表 10-1 中的敏捷重點。請思考是否有任何更簡單的替代方法,可以讓你的組織保留表格中的大部分實踐,而無需預先進行更多設計。

- 檢查大型專案面臨何種程度的挑戰,看看這些挑戰是源自於以下哪些協調問題:需求、架構、配置管理和版本控制、QA /測試、專案管理或流程。

>> 調整

- 制定一個發展架構的計畫,以支持更鬆散耦合的團隊結構。

- 修改你在大型專案中的一些做法,以解決你在上述「檢查」活動中所發現的協調問題的來源。

其他資源

- McConnell, Steve. 2004. *Code Complete, 2nd Ed.*

  「第 27 章」描述了「大型專案 vs. 小型專案」的一些動態(dynamics),著重在「專案層級的活動比例」隨著「專案規模的變化」而變化的方式。

- McConnell, Steve. 2019. Understanding Software Projects Lecture Series. *Construx OnDemand.* [Online] 2019.

  本系列講座的許多教學內容都集中在與「專案規模」相關的問題上。

- Martin, Robert C. 2017. *Clean Architecture: A Craftsman's Guide to Software Structure and Design.*

  這是一本熱門的軟體架構指南,它從設計原則開始,逐步建構起(軟體的)架構。(編註:博碩文化出版繁體中文版《無瑕的程式碼——整潔的軟體設計與架構篇》。)

- Bass, Len, et al. 2012. *Software Architecture in Practice, 3rd Ed.*

  這是一本針對架構的、全面性的、教科書式的討論。

- Boehm, Barry and Richard Turner. 2004. *Balancing Agility and Discipline: A Guide for the Perplexed.*

  對於高階讀者來說，本書是一本非常寶貴的資源，有助於深入了解專案規模與敏捷力之間具體的動態關係。對於初階讀者來說，由於這本書主要討論的是 2004 年左右的敏捷實踐，以至於今天很難派上用場（舉例來說，書中主要的敏捷方法是 XP；沒有討論完成定義；仍假設 30 天的、較長的 Sprint；沒有提到待辦清單精煉的概念等等）。

第 11 章

更有效的敏捷品質

『如果你沒有時間把事情做好,你什麼時候才會有時間把事情再做一次呢?』
這在注重品質的組織裡,已成為世代相傳的口頭禪。「把事情做好」的方法不
斷發展,現代敏捷開發也貢獻了一些有用的實踐。

11.1 關鍵原則:最小化缺陷偵測的差距

雖然我們通常不會這樣想,但「缺陷產生」(defect creation)是軟體專案中
的一個常態。開發團隊在工作的每一刻,都會產生一些缺陷。因此,如果我們
為軟體專案中的「累積缺陷插入」描繪一條線,這一條線在本質上亦等同於描
繪「累積工作投入」的那一條線。

與「缺陷插入」(defect insertion)相比,「缺陷偵測」(defect detection)
和「缺陷移除」(defect removal)並不是一般的工作活動。它們是特定類型
的工作活動,即「品質保證」(quality assurance,QA)活動。

如圖 11-1 的上半部所示,在許多專案中,「缺陷偵測-移除」的速度明顯落
後於「缺陷插入」(即「缺陷產生」)的速度。這是有問題的,因為兩條線之
間的區域代表了「潛在缺陷」(latent defects)——也就是那些已經被插入到
軟體當中,但尚未被偵測和被移除的缺陷。在這些缺陷當中,每一個缺陷都代
表了額外的 bug 修復工作,這些工作很少「按照計畫」進行。每一個缺陷都代

表了將不可預測地增加預算、延長時程，總而言之，它們通常會破壞專案的工作節奏。

執行良好的專案可以最小化「缺陷插入」和「缺陷偵測」之間的差距，如圖 11-1 的下半部所示。

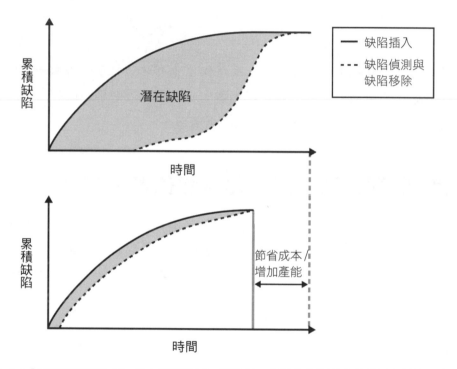

圖 11-1：「累積缺陷插入線」與「缺陷偵測－移除線」之間的差距代表了「潛在缺陷的數量」。

在一個專案中，「缺陷修正的速度」越接近「缺陷產生的速度」，這個專案的執行效率就越高。如圖 11-1 所示，這些專案最終會以更少的時間和更少的工作量來交付成果。當然，沒有專案能立即偵測到 100% 的缺陷，但盡量減少「潛在缺陷的數量」還是一個有用的目標，即使這個目標永遠無法完全達成。如果從「發布準備度」（release readiness）的角度來考慮圖 11-1 的兩個圖表，那麼圖中下半部的專案具有更高的「發布準備度」。

有許多實踐支持「更早的缺陷偵測」這個目標,包括單元測試、結對寫程式、靜態分析、程式碼審查(如果即時執行的話),以及持續整合等等,它們都在更細的粒度上(fine grain)支持這個目標。而敏捷專注於每 1 到 3 週定期將軟體提升到可發布的品質水準,則是在更大的粒度上(large grain)支持這個目標。

11.2 關鍵原則:建立和使用完成定義

一個明確的「完成定義」(Definition of Done,DoD)可確保某項目的 QA 工作與所有其他工作是緊密的,藉以支持最小化「缺陷插入」和「缺陷偵測」之間的差距。

一個好的 DoD 將包括設計、程式碼、測試、文件,以及所有與需求實作相關的其他工作的完成標準(completion criteria)。理想情況下,完成標準是用明確的真偽(true 或 false)來表述的。圖 11-2 顯示了一個 DoD 的範例。

☐ 通過程式碼審查

☐ 靜態程式碼分析過關

☐ 單元測試順利執行無錯誤

☐ 藉由單元測試得到 70% 的 Statement Coverage(陳述式覆蓋率)

☐ 系統測試和整合測試順利完成

☐ 非功能性的自動化測試順利完成無錯誤

☐ 建置時沒有錯誤或警告訊息

☐ 所有公開 API 都有被記錄下來(都有文件)

圖 11-2:一個 **DoD** 的範例,它可以確定「待辦清單中的項目」何時算是實際完成。

團隊需要使用與其情況相關的因素來定義自己的 DoD。除了圖 11-2 中顯示的因素之外，DoD 還包括了：

- 產品負責人接受了該項目（的成果）

- 符合 UI 風格指引

- 通過驗收測試

- 通過效能測試

- 通過選定的回歸測試（regression test）

- 程式碼已被簽入（check in）

- 需求文件已被更新

- 通過自動化的漏洞掃描（vulnerability scan）

11.2.1 多個完成定義

在以下兩種一般情況下，團隊將需要一個以上的 DoD。

1：多種類型的 DoD

對於不同類型的工作有不同的 DoD 是有用的，甚至是有必要的。舉例來說，對於程式碼的 DoD 來說，可能包括完整的回歸測試，然而對於使用者文件的 DoD 來說則不需要。每個 DoD 都需要定義下一個活動的退出標準（exit criteria），並體現此一原則：不再需要對「已滿足 DoD 的項目」進行重工（rework）。

2：多種層級的 DoD

需要多個 DoD 的第二種情況是，不可能在一個 Sprint 中完全完成工作。舉例來說，在一個「軟硬體組合在一起的環境」中，第一級的 DoD 可能包括通過

模擬環境中的所有測試，但如果目標硬體尚不可用，則不一定會包括通過目標硬體上的測試。第二級的 DoD 會再包括在實際的目標硬體上通過所有測試。

同樣地，如果你的軟體依賴於另一個團隊或承包商的軟體，那麼你可能會有一個第一級的 DoD，它表示，如果另一個團隊尚未交付你所依賴的元件，你只需要使用「模擬物件」（mock objects）通過所有測試。然後，第二級的 DoD 會再說明，你需要使用「已交付元件」通過所有測試。

雖然有許多實際原因允許我們擁有多種層級的 DoD，但這樣做會產生風險，即「完成」並不真正表示「完成」。此外，在多個定義中間的縫隙，將累積許多品質不良的、額外的工作。如果可能，最好避免這種情況。

11.2.2 不斷進化的完成定義

遺留環境中的一個常見問題是，大型遺留程式庫無法立即轉換以滿足嚴格的 DoD。因此，在遺留環境中的 DoD，最初可能需要設定一個比全新環境還要更低的標準。隨著遺留程式碼的品質水準得到提升，你就可以改進 DoD，設定越來越高的標準。

11.2.3 完成定義的常見問題

在你的團隊定義和實作 DoD 時，請注意以下這些常見問題：

- **DoD 定義了一個離發布太遠的標準**。細節可能會有所不同，但 DoD 的精神應該是，當一個專案被宣布「完成」時，它可以在「不需要任何進一步工作」的情況下發布。

- **DoD 太大**。一份長達 50 條事項的 DoD 清單太笨重了，你的團隊無法遵循，而且也不會遵循。

- **對於遺留系統來說，DoD 過於嚴苛。** 在遺留系統上，請避免建立無法遵循的 DoD，或是建立「工作量遠遠超過專案可負荷範圍」的 DoD。

- **DoD 描述活動而非證據。** 諸如「程式碼已經過審查」之類的標準所描述的只是一項活動（activity）。而像「程式碼通過程式碼審查」這樣的標準才是證據（evidence）。

- **多種層級的 DoD 過於寬鬆。** 首先，完全不要使用多種層級的 DoD。如果你確實需要使用它們，請確保每個層級的標準能準確捕獲（精準描述）該層級所期望的「完成」。

11.3 關鍵原則：保持可發布的品質水準

DoD 適用於單一項目。除此之外，還要確保整個程式庫永遠保持在一個可發布的品質水準（a Releasable Level of Quality），這樣可以提供一個品質安全網，能夠確保許多其他實踐的效率，包括編寫程式、偵錯、取得有意義的使用者回饋等等。

經常將軟體保持在一個可發布的品質水準，這樣的紀律帶來兩個重要好處。

第一個好處是：「保持可發布的品質水準」可以最小化「缺陷插入」和「缺陷偵測」之間的差距。如果你每 1 到 3 週就將軟體提升到可發布的品質水準，那麼你將永遠不會允許差距拉得很大。這確保了高水準的品質。軟體越常被驅動到高水準的品質，就越容易將其維持在該水準之上，而且也能避免累積技術債。

第二個好處是：支持專案計畫和追蹤。如果軟體在每個 Sprint 結束時，都能達到可發布的品質水準，這表示以後在該功能上沒有更多的工作要做。如果軟體沒有達到可發布的品質水準，這表示以後必須完成數量不定的額外「品質改進工作」。「品質改進工作」會在 Sprint 間累積，這削弱了確定專案真實狀態的能力。「第 18 章」將更詳細地討論這一重要的變動性。

基於這兩個原因，對於團隊來說，在每個Sprint結束時將他們的工作提升到「可發布的品質水準」是很重要的。在許多情況下，你會在完成後將其投入生產；然而，在某些情況下，也可能不適合這麼做，例如：你在受管制環境（regulated environment）中工作、你的軟體發布必須與硬體發布綁定在一起，或是該工作尚未達到「最小可行性產品」（minimum viable product，MVP）的門檻（threshold）。

11.4 減少重工

「重工」（rework）是指對之前宣布「完成」的項目重新投入工作。它包括了bug修復、被誤解的需求、測試使用案例的修改，以及其他原本應該正確完成的修正工作。

重工對專案具有破壞性，因為重工的數量是不可預測的，專案在計畫中也沒有安排時間來處理重工，而且重工不會創造額外的價值。

「測量重工」（measuring rework）是減少重工的一種實用方法，「第18章」會討論這一點。

11.5 其他注意事項

11.5.1 結對程式設計

結對程式設計（Pair Programming）是一種實踐，當中會有兩位開發人員並排坐在一起——其中一位負責編寫程式碼，另一位則扮演即時審閱者的角色。這兩個角色有時會被稱為「飛行員」（pilot）和「領航員」（navigator）。「結對程式設計」與「極限程式設計」特別相關。

多年來，結對程式設計的業界資料顯示，兩個人結對工作的產出大致相當於
兩個人單獨工作的總產出，但品質更高，工作完成得更快（Williams, 2002）
（Boehm, 2004）。

儘管它與敏捷開發密切相關，但我並沒有強調結對程式設計是一種更有效的敏
捷實踐，因為根據我的經驗，大多數開發人員都不喜歡結對完成大部分的工作。
而結果就是，在大多數的組織當中，結對程式設計已經成為一種選擇性使用的
特殊實踐（niche practice）——主要用於「設計」或「程式碼」的關鍵或複雜
部分。在這些特殊情境之外，如果我有一個想要廣泛使用結對程式設計的團隊，
我的態度是：我會支持這種做法，但不會堅持一定要如此。

11.5.2 群體程式設計和 Swarming

群體程式設計（Mob Programming）是一種實踐，整個團隊會在同一台電腦
上同時處理同一件事。Swarming 則是讓整個團隊同時處理同一個故事，但每
個團隊成員都在他們自己的電腦上處理他們自己的那部分故事。（這些術語的
用法可能有所不同，因此你或許也聽過與前述不太相同的說法。）

有一些團隊在這些實踐中取得了成功，但功效（efficacy）仍然是一個懸而未
決的問題。即使在本書出版前，最終稿審閱者們的見解也大不相同：從「根本
不該使用這些實踐」，到「僅適合新團隊」，到「僅適合有經驗的團隊」的看
法都有。我還沒有看到這些實踐有任何明確的重心，所以總的來說，我認為群
體程式設計和 Swarming 都是特殊實踐（小眾實踐），應該選擇性地使用，或
者根本不應該使用。

建議的領導行動

≫ 檢查

- 檢查你的 QA 活動，以及發現缺陷的時間和地點。評估敏捷實踐是否可以更快地發現更多缺陷。

- 檢查各個專案未解決的 bug 清單。還有多少個未解決的 bug？這個數字是否表示你的專案正在累積「潛在缺陷」的待辦清單，而沒有修復它們？

- 要求你的團隊向你展示他們的「完成定義」（DoD）。定義是否清晰？是否有文件記錄？團隊正在使用它嗎？這些定義的細節累積起來，是否就是「可發布的」（releasable）？

- 調查你的團隊是否有在測量專案的「重工」百分比，並將其作為「流程改進工作」的依據。

- 在「你的團隊今天正在做的事情」與「達到可發布狀態」之間存在著哪些障礙？你如何幫助你的團隊解決這些阻礙？

≫ 調整

- 根據你對於「何時何地發現缺陷」所做的評估，請制定一個「儘早實踐品質管理」的計畫。

- 請制定一個計畫來減少專案中未解決的 bug 數量，然後將數量保持在較低的程度。

- 與你的團隊合作，測量你的專案「重工」工作量的百分比。監控這個百分比，作為「流程改進工作」的一部分。

- 移除「你的團隊今天正在做的事情」與「達到可發布狀態」之間的障礙。

> ### 其他資源
>
> - McConnell, Steve. 2019. Understanding Software Projects Lecture Series. *Construx OnDemand*. [Online] 2019. https://ondemand.construx.com.
>
>   這些系列講座廣泛地討論了與「品質」相關的問題。
>
> - Nygard, Michael T. 2018. *Release It! Design and Deploy Production-Ready Software, 2nd Ed*.
>
>   這是一本既新穎又有趣的書籍,它描述如何設計和建置高品質的系統,並探討安全性、穩定性、可用性、可部署性及類似屬性等等的非功能性(non-functional)能力。

第 12 章

更有效的敏捷測試

敏捷開發從四個面向改變了傳統測試所強調的重點。首先,它更重視「由開發人員進行測試」。其次,它強調「提早測試」(front-loading testing,提前測試),即在功能建立後立即進行測試。第三,它更重視「自動化測試」。最後,它強調可將測試作為「精煉需求和設計」的一種手段。

這四個重點為敏捷的其他實踐提供了重要的安全網,例如即時設計與實作。如果沒有全面的「自動化測試套件」的安全網,不斷變化的設計和程式碼環境將會拋出大量的缺陷——如「第 11 章」所述,其中有許多缺陷,會在沒有被發現的情況下就進入潛在缺陷池中。藉由「自動化測試」安全網,大多數的缺陷在產生的當下就會立即被偵測到,如此一來,就能實現「最小化缺陷插入和缺陷偵測之間的差距」這個目標。

以下各節描述了我們看過的、對敏捷專案最有效的測試實踐。

12.1 關鍵原則:使用由開發團隊建立的自動化測試

開發團隊應該編寫自動化測試,這些測試應該被合併到一個自動化建置/部署系統中。理想情況下,應該使用多種層級(level)和多種類型(type)的測試,例如:API 測試、單元測試、整合測試、驗收測試、UI 層測試等等不同層級的

測試，以及可以支援模擬（mocking）、隨機輸入與資料、模擬（simulations）等等不同類型的測試。

測試是由「跨職能團隊」所編寫的，其中包括開發人員、測試人員或前任測試人員。理想的情況是讓開發人員在編寫相應的程式碼之前先編寫單元測試。測試的開發和自動化是待辦清單項目實作的必要部分，會包括在工作量（effort）估算中。

團隊應該要維護一個可支持自動化測試的隨選（on-demand）測試環境。自動化的單元測試（程式碼層級測試）以及自動化的使用者層級測試，這兩者的組合應該是任何「完成定義」（DoD）的核心屬性（core attribute）。

開發人員應該能夠在本地端進行測試，使用單元測試並模擬（mock）遠端系統的行為。開發人員應該能夠在幾分鐘內為產品的一個完整元件執行單元測試套件（unit test suites），無論是在團隊共享的建置伺服器上執行測試，還是在開發人員自己的機器上執行測試。

本地端程式碼被提升到一個整合環境中，在那裡，開發人員的單元測試與建置被聚合（aggregate）在一起。一個團隊應該有能力在 1 到 2 小時內執行完整的測試並讓測試通過，包括所有自動化的單元測試與使用者層級測試。許多環境會以「分鐘」作為測量的時間單位。每天應該執行多次完整的測試並讓測試通過。

一個成熟的開發組織應該擁有支援「持續整合」（Continuous Integration，CI）的能力，能夠在每次簽入時執行所有的自動化測試。對於大型專案來說，這需要大量虛擬環境聯合起來，平行地執行這些測試套件，而這又需要一個專門的團隊（包括測試專家）來建置、維護和擴展 CI 伺服器，以便整合來自不同團隊的測試套件。

像 Amazon 和 Netflix 這樣的大型知名公司能夠支援快速的、持續的測試，因為他們擁有只專注於這種能力的專門團隊，此外，他們在電腦硬體上投入了大量資金，且多年來一直在培養這樣的能力。至於那些才剛剛開始使用 CI 的公司，或是需求不像 Amazon 或 Netflix 那麼高的公司，應該要適當地（慢慢地）擴展他們的期望。

12.1.1 遺留環境中的自動化測試

「無法開發一個理想的測試套件」，這並不能作為「不建立自動化測試」的理由。我們看過許多繼承劣質程式庫的團隊，當他們把基本的冒煙測試（Smoke Test）放在適當的位置，並慢慢補上自動化測試時，他們發現，即使只有少量的自動化，他們還是實現了顯著的效益。你可以在一開始使用較寬鬆的 DoD 來支援自動化測試，再隨著時間的進展逐漸變得更加嚴格，以此來支援這一點。

在遺留環境中進行測試時，最好要把測試「集中」在團隊最常工作（經常更動）的程式碼區域上。如果只是為了增加程式碼覆蓋率，而去為「多年來保持穩定不動的程式碼」增加測試，這幾乎沒有什麼好處。

12.2 有效敏捷測試的更多關鍵

除了在開發團隊中納入測試人員和使用自動化測試之外，請記住以下「有效敏捷測試」的更多關鍵。

12.2.1 確保開發人員對「測試自己的程式碼」負主要責任

把測試人員整合到開發團隊中，可能會導致開發人員不測試他們自己的程式碼，而這與我們期望的正好相反！開發人員必須對自己的工作品質（包括測試）負起主要責任。請留意這些警訊：

- 待辦清單項目總是在每個 Sprint 接近結束時才完成（這表示測試是在寫程式之後進行的，而且是單獨進行的）。

- 在手中的任務尚未滿足 DoD 之前，開發人員就去做其他的寫程式任務。

12.2.2 測量程式碼覆蓋率

在編寫程式碼之前先編寫測試使用案例（「測試優先」）可能是一個有用的紀律。但我們發現，對於新的程式庫來說，測量單元測試的「程式碼覆蓋率」，以及建置好下游的「自動化測試」，這兩者相結合才是更為關鍵。對於一個新的程式庫來說，70% 的單元測試程式碼覆蓋率就是一個有用且實際的目標。100% 的單元測試程式碼覆蓋率是很少見的，而且通常遠遠超過所謂的「收益遞減點」（point of diminishing returns，即收益不會增加反而減少）。（當然了，那些「安全性相當重要的系統」是例外。）

在那些與我們公司合作過的組織中，做得最好的組織，它們的測試程式碼（test code）與生產程式碼（production code）的比例通常接近 1:1，其中包括單元測試程式碼，以及更高層級的測試程式碼。同樣的，這會因軟體類型而異。「安全性相當重要的軟體」與「商業軟體或娛樂軟體」的標準會有所不同。

12.2.3 慎防濫用「測試覆蓋率的測量結果」

我們發現，像「70% 的 Statement Coverage（陳述式覆蓋率）」這樣的測量結果，比你想像的更容易被濫用。我們曾看到團隊停用（deactivate）失敗的測試案例，藉此提高測試通過率，或是建立一些永遠會回傳「成功通過」的測試案例。

在這種情況下，修復系統往往比修復個人更加有效。這種行為表示團隊認為開發工作比測試工作具有更高的優先順序。領導階層需要傳達「測試和 QA」與

「寫程式」一樣重要的觀念。請協助你的團隊了解測試的目的和價值,並強調像 70% 這樣的數字只是一個指標,而不是目標本身。

12.2.4 監控靜態程式碼指標

程式碼覆蓋率和其他測試指標(test metrics)都很有用,但它們並不是整個品質工作的全貌。靜態程式碼品質指標也很重要,例如:安全性漏洞、迴圈複雜度、條件判斷的巢狀深度(depth of decision nesting)、子程式參數的數量、檔案大小、資料夾大小、子程式(routine,又譯常式)的長度、魔術數字(magic number)的使用、嵌入式 SQL、重複或複製貼上的程式碼、註解的品質、遵守寫程式標準等等。這些指標可以提醒我們,哪些程式碼區域可能需要更多工作來維持品質。

12.2.5 仔細編寫測試程式碼

測試程式碼應遵循與生產程式碼相同的程式碼品質標準。它應該使用良好的命名、避免使用魔術數字、精心設計、避免重複、具有一致的格式、簽入版本控制系統(revision control)等等。

12.2.6 優先維護測試套件

測試套件往往會隨著時間而降級(degrade)。我們會看到,在一個測試套件當中,有很大比例的測試已被關閉(turned off),這樣的情況並不少見。團隊應該把「測試套件的審查和維護」當作他們正在進行的開發工作的一部分,並將「測試工作」視為其 DoD 的一部分。這對於實現這個目標來說是非常重要的——即永遠將軟體保持在一個可發布的品質水準,也就是防止「缺陷」失控。

12.2.7 讓「獨立的測試團隊」建立並維護驗收測試

如果你的公司仍然擁有一個單獨的測試團隊，那麼讓該團隊承擔建立和維護驗收測試（acceptance test）的主要責任是很有用的。開發團隊仍將建立並執行驗收測試——繼續鼓勵這樣做，能為「最小化缺陷插入和缺陷偵測之間的差距」提供重要支持。但針對這類工作，開發團隊只有次要責任。

我們經常看到在「一個單獨的 QA 環境」中執行驗收測試。當整合環境的內容不斷變化時，這很有用，因為 QA 環境經常是更穩定的。

12.2.8 不要囿於單元測試

敏捷測試的一個風險是：過分強調局部的「程式碼層級（單元）的測試」，卻低估一些全局的 Emergent Properties（突現性質或浮現特性），例如可擴充性（Scalability）、效能等等，在對一個「大型軟體系統」執行整合測試時，這些性質將變得更加明顯。在團隊宣布自己完成 Sprint 之前，請確保團隊已經進行足夠的、全系統範圍的測試。

12.3 其他注意事項

12.3.1 手動測試／探索性測試

手動測試會繼續以「探索性測試」（exploratory testing）、「可用性測試」（usability testing）和「其他類型的人工測試」的形式發揮作用。

12.3.2　不是你爸爸那一輩的測試工具

軟體世界正處於「雲端運算」所帶來的測試方法的巨變之中。許多時候，「變更」可以很容易地提升（promote，升級）和復原（roll back，回復）；然而，在某些情況下，雲端運算也導致新的錯誤模式。如果你對測試實踐的理解仍侷限於軟體，且你的觀念或知識已許久沒有更新，那麼請花一點時間了解一下現代的測試實踐，例如：Canary Releases（金絲雀發布）、A/B Testing（A/B 測試）、Chaos Monkey/Simian Army（混沌猴子／猴子軍團工具集），以及其他基於雲端的測試實踐。

建議的領導行動

》檢查

- 請檢查你的團隊的自動化測試方法。是否定義了一個「測試覆蓋率」的標準？是否定義了「測試覆蓋率」最低可接受的標準？

- 確定你的團隊仍在執行哪些手動測試。你的團隊是否需要一個計畫來確定「哪些手動測試可以自動化」？

》調整

- 為你的每個專案定義一個自動化測試應該達到的目標水準。請制定一個計畫，期許在未來 3 到 12 個月內達到這些水準。

其他資源

- Crispin, Lisa and Janet Gregory. 2009. *Agile Testing: A Practical Guide for Testers and Agile Teams*.

  這是一本熱門的參考書籍，探討「敏捷團隊與專案的測試」有何不同。

- Forsgren, Nicole, et al. 2018. *Accelerate: The Science of Lean Software and DevOps: Building and Scaling High Performing Technology Organizations*.

  本書總結了目前關於「最有效的敏捷測試實踐」的資料。

- Stuart, Jenny and Melvin Perez. 2018. *Retrofitting Legacy Systems with Unit Tests*. [Online] July 2018.

  這份白皮書說明了在測試遺留系統時會遇到的具體問題。

- Feathers, Michael. 2004. *Working Effectively with Legacy Code*.

  本書更詳細地探討如何在遺留系統中工作，包括測試。（編註：博碩文化出版繁體中文版《*Working Effectively with Legacy Code* 中文版：管理、修改、重構遺留程式碼的藝術》。）

第 13 章

更有效的敏捷需求建立

在我從事軟體開發工作的前 25 年裡，我研讀過許多檢視專案挑戰與專案失敗的研究。我看過的每一份研究都指出，真正造成問題的主要原因是「糟糕的需求」——也就是不完整的需求、不正確的需求、矛盾的需求等等。而在過去的 10 年裡，我們公司發現，在敏捷專案中最常見的挑戰是「缺少一位好的產品負責人」——而你猜得沒錯，這實際上就與「需求」密切相關！

長久以來，「需求」一直是軟體專案所面臨的主要挑戰，所以在接下來的兩個章節中，我將更深入地探討「需求」這個議題，會比其他議題來得更深入。

13.1 敏捷需求的生命週期

與 25 年前相比，今天我們已有一些非常有效的需求實踐，可以應用於敏捷專案。這些實踐有助於每個主要的需求開發活動：

- 需求取得（**Elicitation**）：需求的初步發現（探索）。
- 需求分析（**Analysis**）：針對需求發展更豐富、更精細的理解，包括需求的優先順序。
- 需求規格（**Specification**）：以「持久化的形式」表示需求。
- 需求驗證（**Validation**）：確保需求正確無誤（能夠滿足客戶的需求），並確保需求有被正確地捕獲（描述）。

對於大多數的需求技術（techniques）來說，團隊如何將它們應用於「敏捷專案」或「循序式專案」並沒有太大區別。真正的不同是團隊「何時」執行這些活動。

本章會描述「需求取得」與「需求規格」活動，並開始討論「需求分析」。下一章則會著重在「需求分析」的優先順序，以及敏捷專案中主要會用到的「需求驗證」技術，包括「針對需求的持續對話」和「Sprint 結束時的審查」（即展示「可用的軟體」）。

13.2　敏捷需求有什麼不同？

需求工作發生在「敏捷專案」上的時間與「循序式專案」有所不同。圖 13-1 說明了這種差異。

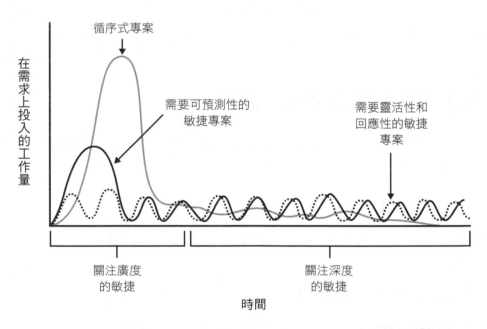

圖 13-1：「提早（front-loading，提前）進行需求工作」在「需要可預測性的敏捷專案」、「需要靈活性的敏捷專案」以及「循序式專案」上的差異。改編自（Wiegers, 2013）。

在循序式專案中，很大比例的需求工作是在專案開始時以「大批次」執行的。敏捷專案的前期工作則要小得多，主要集中在理解需求的範圍（scope）上。而與其他敏捷專案相比，「需要可預測性的敏捷專案」需要多處理一些事前的需求工作。在這兩種情況下，單一需求的詳細精煉（即精緻化（elaboration）工作），都會被延遲到「這些需求的開發工作」開始前不久。

敏捷專案的目標是在專案開始時僅定義每個需求的本質（essence），讓大部分（在某些情況下是全部）詳細的精緻化工作，都被保留到「開發工作」開始前再做。敏捷專案中的精緻化工作並沒有變少，只是被延後了。有些敏捷專案犯了「不進行精緻化工作」的錯誤，不過，這更像是「寫程式再修改（code-and-fix）開發方式」的特產（而不是「敏捷開發方式」中會發生的事）。更有效的敏捷專案會使用本章後面描述的實踐來進一步精緻化他們的需求。

以下是敏捷專案如何處理需求的示意圖：

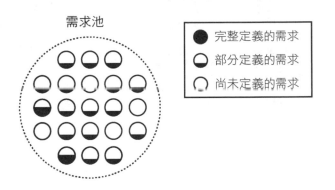

在循序式專案中，每個需求的細節都是事先詳細制定的，到專案後期只剩下很少的需求工作。所有需求都是提前開發好的，而不僅僅是需求本質（essence）而已，如下圖所示：

需求池

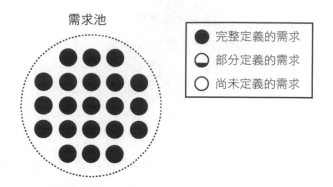

● 完整定義的需求
◐ 部分定義的需求
○ 尚未定義的需求

詳細的需求工作在「敏捷方法」和「循序式方法」中都會執行，但會在不同的時間點執行。在一個專案的過程中，這會導致在不同的時間點完成不同類型的工作，如圖 13-2 所示。

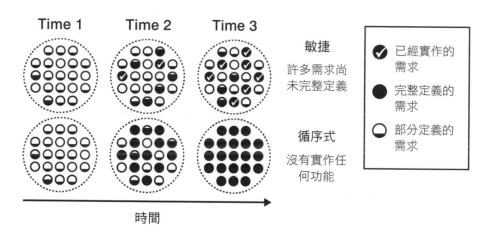

圖 13-2：「敏捷專案」和「循序式專案」在不同時間點的「需求完成程度」與「功能完成程度」的差異。

透過預先完成大部分的需求工作，循序式專案本質上是在說：『我敢打賭，預先制定詳細的需求將為專案的其餘部分增加價值。預先處理詳細的需求將會減少不確定性，而這項前期工作中有一定的損壞率（spoilage rate）是可以接受的。』（「損壞」指的是在「實作工作」開始之前就已經過時的「需求工作」。）

敏捷專案本質上是在說：『我敢打賭，完成端到端的實作工作（不僅僅是需求工作）並取得回饋將會減少不確定性。我敢打賭，預先做很多詳細的需求工作會指定很多細節，這些細節會在我們開始實作之前就出現損壞（變質）。而需求損壞（需求變質）所產生的浪費（waste），將會高於預先完整定義需求所產生的任何附加價值（value-add）。』

上述兩種論點都有一定的道理。至於哪一種方法效果較好，將取決於多種因素，例如：團隊是在 Cynefin 的「繁雜」領域還是「複雜」領域中工作的？完成「需求工作」的人員，他們的技能水準如何？以及團隊是否確實認為他們正在做的工作是「繁雜」而非「複雜」的？他們這樣認為的信心程度為何？

13.3 Cynefin 與需求工作

面對 Cynefin 的「繁雜」（Complicated）問題時，如果團隊在「需求開發工作」方面有足夠的技能，那麼預先對一個完整的系統進行建模（model）就是有可能的。

面對 Cynefin 的「複雜」（Complex）問題時，我們不可能事先知道系統需要做什麼。「需求開發工作」對於開發團隊和公司來說，都是一個不斷學習的過程。在這個領域中，即使是最聰明的人才也無法知道「他們需要做什麼」的所有細節，直到他們嘗試去做。

嘗試為「複雜」問題預先定義需求，將會面臨以下挑戰：

- 在最初的精緻化工作之後、在實作工作開始之前的這段期間，**需求發生了變化**。因此在實作工作開始之前，就必須重新精緻化這些需求。如此一來，最初的精緻化工作就成了浪費。

- 在完成了重要的精緻化工作之後，**需求被取消了**。如此一來，最初的精緻化工作就成了浪費。

- **實作了並非真正需要的需求**。然而這只有在使用者看到可執行軟體之後才會發現。

- **有些需求被忽略了，有些新需求卻在專案期間出現**，這會導致設計方法和實作方法出現問題，因為這些方法原先皆「假設」需求已事先得到完整定義（或幾近完整定義）。被誤導的設計和實作工作就成了浪費。

在一個循序式專案上，假設需求已在某個時間點得到完整定義，但在這個時間點之後，需求發生了變化，這時候就會造成浪費。圖 13-3 使用圖 13-2 中的 Time 3 來說明這一點。

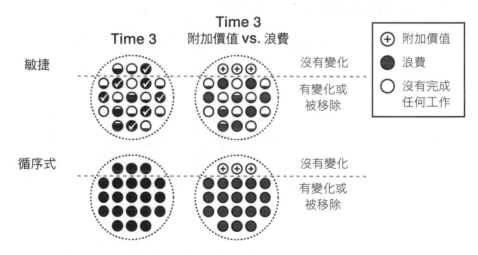

圖 13-3：在敏捷專案與循序式專案的專案中期，需求發生了變化時，所造成的浪費差異。

圖 13-3 的上半部是敏捷專案。當然了，「沒有變化的需求」不會帶來任何浪費。而根據工作的完成程度，「有變化或被移除的需求」所產生的浪費會有所不同。「部分定義的需求」會導致較少的浪費——請留意那些只有部分填滿的小圓圈——而已經「完整定義的需求」會導致較多的浪費。

圖 13-3 的下半部是循序式專案。「有變化或被移除的需求」帶來了較高程度的浪費，因為在變更或刪除這些需求之前，已對這些需求投入了更多的資源。

在敏捷需求中，仍然會出現錯誤的開始和走入死胡同（False Starts and Dead Ends）的情況，但由於對它們事先投入得較少，整體上的浪費也跟著變少了。

13.4 敏捷需求：故事

敏捷需求經常以「故事」的形式表達，最常見的格式為：

> 身為＜某種類型的使用者＞，我想要＜目標／願望＞，以便獲得＜利益＞

一個故事指的就是一組有限的、已定義的功能。並非所有的故事都會對應到需求。表 13-1 展示了一些範例。

表 13-1：使用者故事（**user story**）的範例。

	使用者類型		目標／願望		利益
身為	軟體主管	我想要	透過量化的形式來了解我的專案	以便	能讓組織內的其他成員了解情況
身為	業務主管	我想要	在一個地方查看所有專案的狀態	以便	能夠理解哪些專案需要我的關注
身為	技術人員	我想要	以更不費力的方式回報我的狀態	以便	能將更多時間花在實際的技術工作上

敏捷專案通常依賴「故事」作為表達「需求」的主要方式。我們可以透過敏捷工具來捕獲（描述）故事，我們也可以使用文件、試算表、索引紙卡或牆上的便利貼等形式來記錄（呈現）故事。如表 13-1 的範例所示，故事本身是沒有詳細到足以單獨支持開發工作的。故事是一份可追蹤的文件，用來記錄業務人

員與技術人員之間的對話。我們會依據「對話」來對「故事」進行精煉，這樣的對話須包括業務、開發和測試等觀點在內——需要的話，甚至還可以再加入其他觀點。

13.5 敏捷需求容器：產品待辦清單

敏捷需求通常會被放在一份「產品待辦清單」（product backlog）中。這份「產品待辦清單」將包括專案其餘範圍裡的所有工作，例如：故事（story）、史詩（epic）、主題（theme）、計畫（initiative）、特性（feature）、功能（function）、需求（requirement）、增強（enhancement）、修復（fix）等等。「待辦清單」是 Scrum 中的標準術語。Kanban 團隊可能會稱之為「輸入佇列」（input queue），但概念是相似的。在更正式的環境（例如受管制的產業）中工作的團隊，可能需要更正式的需求容器（例如文件）。

大多數團隊發現，在目前的 Sprint 之外，只需要再精煉大約 2 個 Sprint 的待辦清單項目，就可以提供足夠的細節來支持工作流程計畫與技術實作。對於主要從事 Cynefin「複雜」領域工作的團隊來說，較短的計畫期（planning horizon）可能更加實用。

圖 13-4 說明，「產品待辦清單項目」（product backlog item，PBI）越接近實作時，它們也會變得更加精煉（仔細）。我將「待辦清單」繪製成一個漏斗，在漏斗底部的是近期工作（near-term work）。（敏捷團隊通常會稱「待辦清單」為一個「佇列」，當中近期工作會位於頂端。）

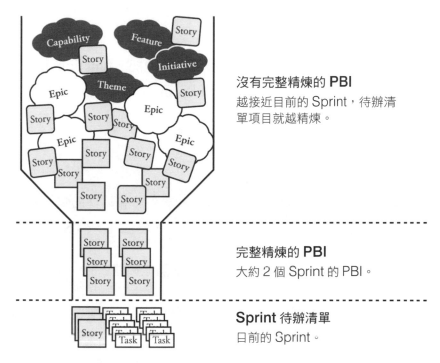

沒有完整精煉的 **PBI**
越接近目前的 Sprint，待辦清
單項目就越精煉。

完整精煉的 **PBI**
大約 2 個 Sprint 的 PBI。

Sprint 待辦清單
日前的 Sprint。

圖 **13-4**：敏捷產品待辦清單強調「即時改進」（**just-in-time refinement**）。

13.5.1　什麼東西可以進入產品待辦清單？

一般來說，產品待辦清單裡面包含的就是「需求」，但「需求」的定義是鬆散的。
最常見的產品待辦清單項目（PBI）有以下這幾種。

1：需求

這是一個總稱，包括特性、史詩、故事、修復、增強等等。「需求」並不一定
表示「完整記錄且嚴格無誤的需求」。實際上，正如本章前面所討論的，以及
如圖 13-2 所示，敏捷工作中的大多數需求都保持在「部分定義」的狀態，直
到它們被實作為止。

2：特性

這是一個能夠為企業交付「能力」或「價值」的功能（functionality）增量。特性（feature）的內涵是它需要不止一個 Sprint 才能交付。它通常被描述為使用者故事的集合。

3：史詩

這是一個需要多次 Sprint 才能交付的故事。關於史詩和特性的具體細節並沒有普遍的共識，除了唯一的共同點：兩者都太大了，無法在一個 Sprint 中完成。

4：主題、投資主題、能力、計畫、增強和其他類似術語

因為期望「待辦清單」會被精煉，所以我們可以在其中新增各式各樣的項目，尤其是加在「待辦清單」的最後面（far end，末端），並理解它們將在適當的時刻得到完善。

5：使用者故事或故事

一個從「系統使用者」角度描述的功能（function）或能力（capability）。有些人會在「故事」和「使用者故事」這兩個術語之間做區分，但這兩個術語並沒有標準化的用法——在大多數情況下，這兩個術語是同義複詞。故事通常被定義為「單一 Sprint 內即可完成」。如果在精煉過程中發現一個故事需要多個Sprint，那麼它將被重新歸類為一個史詩。

6：修復、減少技術債、探針（**Spike**）

沒有實作使用者需求的、純粹是開發導向的工作。這種工作通常被稱為「促進事務」（enabler，即推動型的、賦能性質的工作）。

與產品待辦清單內容相關的術語非常多元，有時意義也很模糊。基於這個原因，有些敏捷實踐者選擇把所有產品待辦清單項目都簡稱為 PBI，迴避了大量的術語問題，這也不失為一個好方法。

13.6 需求如何進入產品待辦清單？

待辦清單在敏捷專案中扮演的角色非常關鍵，可是許多敏捷文章卻完全沒有提到產品負責人和敏捷團隊的其他成員應該如何填寫它。

需求可以透過多種技術進入產品待辦清單。整體來說，可以描述為兩種做法：「從上而下的方法」或是「從下而上的方法」。

13.6.1 從上而下的需求取得

在「從上而下的方法」中，需求產生的過程是從大局開始。團隊確定參與者、特性、史詩以及計畫——最高層級的業務目標、功能與能力。然後將這些分解成故事。「從上而下的方法」的實用技術包括：

- 建立故事地圖（story map）
- 定義產品願景（product vision）
- 製作電梯簡報（elevator pitch，也譯作電梯演講或電梯行銷）
- 撰寫新聞稿和常見問題與解答（FAQ）
- 建立一個精實畫布（lean canvas）
- 設計影響地圖（impact map）
- 識別人物誌（persona）

這當中的每一項技術都在為「發布」（release）定義一個整體方向，並協助團隊產生更精緻的、能夠指引實作的故事。

13.6.2 從下而上的需求取得

在「從下而上的方法」中，需求產生的過程是從特定的細節開始，通常是故事。「從下而上的方法」的實用技術包括：

- 舉辦使用者故事的寫作工作坊
- 與典型使用者進行焦點小組訪談（focus group）
- 舉行需求取得訪談
- 觀察使用者執行他們的工作
- 查看來自目前系統的問題報告
- 查看現有的需求（是否正在複製或重現一個現有系統的功能）
- 查看現有的增強需求

產生具體的故事之後，它們將被聚合在一起，成為主題、特性和史詩。

13.6.3 從上而下 vs. 從下而上

全新的開發工作通常會採用「從上而下的方法」。遺留系統和演化式開發（evolutionary development）則非常適合「從下而上的方法」。在使用迭代式開發方法的新建專案中，團隊可能會在一開始使用「從上而下的方法」，並在開發出足夠的功能、獲得一定的使用者回饋之後，再過渡到「從下而上的方法」。

使用「從上而下的方法」時，挑戰來自於無法深入到細節之處，沒有揭露全部的工作範圍，進而遺留了太多細節，直到後面進行「待辦清單精煉」時才會發現。

至於「從下而上的需求取得」，挑戰在於取得一個對「整個系統」有意義的視圖（view）──即不能「只見樹木，不見森林」。你可能會忽略一些更高層級的限制，它們會推翻（override）那些較低層級的詳細工作（即「讓某些詳細工作失去作用」）。這需要額外的努力，確保團隊始終保持在一個連貫且一致的方向上工作。

從某種程度上來說，「從下而上的方法」和「從上而下的方法」最終會在中間相遇。舉例來說，在某次「使用者故事的寫作工作坊」中，可以引進許多「從上而下的技術」，而在某次「需求取得訪談」中，也可以利用「一份新聞稿草稿」作為提示，以此類推。

更具體的「敏捷需求取得實踐」超出了本書的範圍。本章末尾的「其他資源」包含了幾本推薦書籍，讀者可以參考它們來找到更多資訊。

13.7　關鍵原則：精煉產品待辦清單

在最初填寫「產品待辦清單」之後，就需要持續對其進行「精煉」（refine），以便每個 PBI 都包含足夠的細節，來支持有效的 Sprint 計畫和開發工作。一般來說，我會希望待辦清單中永遠都能看到大約 2 個 Sprint 的、完全精煉的 PBI（不包括目前的 Sprint）。

「待辦清單精煉不足」可能會為敏捷團隊帶來許多重大問題：

- 沒有對「待辦清單項目」進行足夠詳細的定義，導致無法指導工作，於是團隊走錯了方向。

- 團隊在 Sprint 中花費了太多時間來精煉，而且在過程中又遇到了太多意外。

- 尚未即時更新「待辦清單項目」，導致團隊實作了過時的需求。

- 沒有正確排定「待辦清單項目」的優先順序，導致團隊處理了價值較低的項目，而延遲了更有價值的項目。

- 「待辦清單項目」被錯誤評估而且太大了，導致團隊無法完成他們的 Sprint 承諾，因為項目比預期的還要大。

- 因為待辦清單中沒有足夠的精煉項目，導致團隊陷入空轉、成員沒事可做。

13.7.1 待辦清單精煉會議

待辦清單的精煉會在「待辦清單精煉會議」（backlog refinement session）中完成，與會人員包括產品負責人、Scrum Master 和開發團隊。此時整個團隊都會參加，以便對即將展開的工作達成共識。

會議中的工作包括：討論故事和史詩、將史詩拆分為故事、將故事拆分為較小的故事（以及將史詩拆分為較小的史詩）、闡明每個故事的細節、定義故事的驗收標準（acceptance criteria），以及估算故事點數等等。

「待辦清單精煉會議」通常會在 Sprint 中期舉行。如果會議中出現了需要回答的問題，那麼應該在下一次 Sprint 計畫會議之前「完成」回答這些問題的工作，這樣才不會讓「未解決的問題」破壞 Sprint 計畫。

產品負責人需要準備一份已經安排好優先順序的 PBI 清單，並帶到「待辦清單精煉會議」中討論，而這份清單中，應該已經完成了大部分與需求相關的精緻化工作。

13.8 關鍵原則：建立和使用就緒定義

「完成定義」（DoD）可以幫助團隊，避免在工作真正完成之前就將工作轉移到下一個階段。同樣的，一分清楚記錄的「就緒定義」（Definition of Ready，DoR）也可以幫助團隊，避免在需求準備好之前就將需求轉移到開發階段。PBI 在以下情況會被認為已準備就緒：

- 已被開發團隊充分理解，並且能決定它是否可在 Sprint 中實作
- 已被估算，而且很適合在單一 Sprint 中完成
- 已擺脫依賴關係，這些依賴關係在 Sprint 期間會阻礙實作
- 已有明確定義的驗收標準（而且是可測試的）

團隊可以改編上述這幾點來建立自己的 DoR。目標是在下一次 Sprint 計畫會議之前充分完善目標 PBI，以便團隊取得「有效制定計畫」所需的所有資訊，而不會因「未解決的問題」而偏離軌道。

13.9 其他注意事項

13.9.1 需求基礎

幾十年來，「需求」一直是一個棘手的問題。敏捷為需求規範貢獻了許多有用的實踐，但它並沒有改變「高品質需求」的重要性。

在循序式開發中，需求問題的影響非常明顯，因為在專案結束時，團隊會一次性地體驗到累積起來的低效率。在一個為期一年的專案中，假設糟糕的需求會導致專案的效率降低 10%，那麼這也代表專案將延遲一個多月。這種痛苦是難以忽視的。

在敏捷開發中,「需求定義不明確」所帶來的痛苦,在專案的過程中會以更頻繁的方式分散到「更小的功能增量」之上。一個因「需求定義不明確」而導致效率降低 10% 的團隊,可能需要每隔幾個 Sprint 就重新編寫一個故事。這似乎沒那麼痛苦了,因為這種痛苦不是一下子承受的。當然,累積起來的低效率也是很可觀的。

在進行審查與回顧時,敏捷團隊應該特別關注需求問題。發現「誤解了使用者故事」的團隊,應該考慮集中精力來提升團隊的需求技能(requirements skills)。

詳細的「需求實踐」討論超出了本書的範圍,但是讀者可以透過下面的「需求技能自我評估表」來檢視你的知識。如果你不熟悉大多數的術語,至少要明白「軟體需求」現在是一門成熟的學科,而且有許多優秀的技術實踐可供使用。

需求技能自我評估表

☐ 驗收測試驅動開發（Acceptance Test Driven Development，ATDD）	☐ 訪談
	☐ 階梯式提問（laddering questions）
	☐ 精實畫布 (lean canvas)
☐ 行為驅動開發（Behavior Driven Development，BDD）	☐ 最小可行性產品（Minimum Viable Product，MVP）
☐ 勾選清單	☐ 人物誌（persona）
☐ Context Diagram（環境圖或關係圖）	☐ Planguage（一種計畫或規劃用的語言,其中的關鍵字可以精準、清楚地描述需求）
☐ 電梯簡報	☐ 新聞稿
☐ 事件清單（event list）	☐ 產品願景
☐ 極端使用者	☐ 產品原型
☐ 5 個為什麼或 5 問法（5 Whys）	☐ Scenario（使用情境）
☐ Hassle Map（麻煩地圖）	☐ Story Mapping（故事地圖）
☐ Impact Mapping（影響地圖）	☐ 使用者故事

建議的領導行動

≫ 檢查

- 從「事前計畫」與「即時計畫」這兩個角度來看，請審查你的團隊滿足需求的做法。評估團隊的需求損壞率有多高？（需求損壞率或需求變質率，指的是在定義需求之後、實作需求之前，過時或者需要重新定義的需求比例。）

- 你的團隊是使用「從上而下的方法」還是「從下而上的方法」來取得需求？本章描述了前述這兩種方法的常見挑戰，你在多大程度上看到了這些典型挑戰？團隊是否有應對或處理這些挑戰的計畫？

- 以「了解團隊的待辦清單狀態」為目標，參加一次待辦清單精煉會議。團隊是否定義了足夠的需求，來支持他們在 Sprint 期間進行「有成效的 Sprint 計畫」和「高效率的開發工作」？

- 請調查你的團隊是否擁有書面的「就緒定義」（DoR）文件。團隊是否正在使用它？

- 審視過去的 Sprint 審查（review）與回顧（retrospective）會議，並指出那些因為沒有確實精煉待辦清單而無法完成的待辦清單項目。團隊是否已採取措施來防止將來發生這種情況？

≫ 調整

- 採取行動：建立「就緒定義」。
- 採取行動：確保團隊定期精煉產品待辦清單。

其他資源

- Wiegers, Karl and Joy Beatty. 2013. *Software Requirements, 3rd Ed.*

  這是一本容易閱讀又完整的書籍，它對循序式開發和敏捷開發的需求實踐有詳盡的描述。

- Robertson, Robertson Suzanne and James. 2013. *Mastering the Requirements Process: Getting Requirements Right, 3rd Ed.*

  本書是上述那本書很好的補充閱讀。

- Cohn, Mike. 2004. *User Stories Applied: For Agile Software Development.*

  本書著重於使用者故事的來龍去脈。（編註：博碩文化出版繁體中文版《*Mike Cohn* 的使用者故事：敏捷軟體開發應用之道》。）

- Adzic, Gojko and David Evans. 2014. *Fifty Quick Ideas to Improve Your User Stories.*

  正如書名所暗示的，這本小書提供了許多改進使用者故事的實用建議。

第 14 章

更有效的敏捷需求排序

敏捷開發的關鍵重點之一就是對「功能的交付」進行優先順序的排序：從最高排到最低。最高優先順序的故事會被移到待辦清單的頂端，以便在近期的 Sprint 中進一步精煉與實作。「排序」也經常被用來決定哪些故事要實作、哪些故事不實作。

為需求排序一直都很有用，而對於敏捷專案來說，「需求排序」是更需要關注的重點。敏捷已開發出許多富有成效的需求排序技巧。但在深入討論之前，先讓我們看一下敏捷專案中最需要為「確定需求排序」負起責任的角色。

14.1 產品負責人

正如我在「第 4 章」所描述的，Scrum 最常見的失敗模式之一就是無效的產品負責人（PO）。根據我們公司的經驗，一位稱職的 PO 應具備以下特質：

1：領域專長

一位稱職的 PO 應該是一位領域專家，對於應用程式、產業及軟體所服務的客戶群應瞭如指掌。他們對產業的理解是排序「團隊的可交付成果」時的基礎，這包括了解一個最小可行性產品（MVP）真正需要的是什麼。他們也具備良好的溝通技能，能把業務情境（business context）傳達給技術團隊。

2：理解軟體需求的技能

一位稱職的 PO 能夠根據不同的環境定義合適的需求。也就是說，一位稱職的 PO 能夠理解，針對特定的環境，需要什麼類型的細節，以及需要何種程度的細節。（舉例來說，商業系統的需求和醫療設備的需求，這兩者所需的詳細程度就不同。）PO 能夠理解「需求」與「設計」之間的差異── PO 只會關注「需求是什麼」（the what），至於「該如何實作」（the how）則留給開發團隊處理。

3：引導（**facilitation**）技巧

一位強大的 PO 能夠將人們聚集在一起，朝著一個共同的目標前進。軟體需求工作就是協調「利益衝突」，例如：

- 「業務目標」與「技術目標」，這兩者之間的取捨
- 「團隊成員對技術的局部關注」與「來自組織架構更高層級的考量」，這兩者之間的權衡
- 不同產品利害關係人之間的衝突
- 其他的緊張局勢

一位稱職的 PO 將幫助利害關係人理解，我們需要結合不同的視角，才能合作打造出頂尖的產品。

4：勇氣

一位稱職的 PO 需要不時地做出關鍵決策。一位有成效的 PO 不會是獨斷獨行的，但他／她知道何時採用「由決策主管做決定」的模式、何時採用「由群體共同做決定」的模式。

5：積極進取的特質

一位稱職的 PO 經常具備積極進取的個人特質，例如：

- 充滿幹勁與熱忱

- 處理待辦清單的精煉工作時非常主動

- 能夠有效率地主持會議

- 做事有始有終，貫徹到底

就某些方面來說，這一系列理想的特質亦暗示了優秀 PO 應該具備怎樣的背景。理想的 PO 需要具備工程背景、在所處領域有一定的經驗，以及業務經歷。不過，正如我之前在「第 4 章」提到的，透過適當的培訓，業務分析師、客服人員和測試人員都可以成為傑出的 PO。

14.2 T 恤尺寸方法

我在《*Software Estimation: Demystifying the Black Art*》（McConnell, 2006）這本書中討論過，T 恤尺寸方法（T-Shirt Size）非常有用，可以根據大致的投資報酬率來確定「部分精煉的功能」的優先排序。

在這種方法中，技術人員預估每個故事相對於其他故事的規模大小（即「開發成本」），並將它們分類為小（S）、中（M）、大（L）或特大（XL）。（這裡的「故事」也可以是一個「特性」、「需求」、「史詩」等等。）同時，客戶、行銷人員、銷售人員或其他非技術利害關係人，也對故事的「商業價值」進行相同的分類。然後將這兩組項目組合在一起，如表 14-1 所示。

表 **14-1**：使用 **T** 恤尺寸方法，按照「商業價值」與「開發成本」對故事進行分類。

故事	商業價值	開發成本
故事 A	大	小
故事 B	小	大
故事 C	大	大
故事 D	中	中
故事 E	中	大
故事 F	大	中
……		
故事 ZZ	小	小

在商業價值與開發成本之間建立這種關係，可以讓非技術利害關係人說：『如果故事 B 的開發成本很高，我就不會想要它了，因為它的商業價值很低。』在這個故事的精緻化階段就能及早做出這樣的決策，這是非常實用的。相反的，如果你決定透過一定程度的精煉、架構、設計等活動來實作這個故事，那麼你就是在一個價值與付出不成正比的故事上浪費力氣。在軟體領域中，能夠快速「否決」某件事的價值是很高的。T 恤尺寸方法可以協助我們在專案初期做出決策，以排除某些故事，而無需進一步繼續這些故事。

如果故事可以按照粗略的「成本／收益」排序，那麼關於「繼續什麼」和「排除什麼」的討論會變得更加容易。一般來說，我們可以根據「開發成本與商業價值的組合」計算出一個「淨商業價值」的數字，來完成這個排序。

表 14-2 顯示的是一種可能的方案，來為每個組合計算出「淨商業價值」的數字（得分）。你可以使用這個方案，或是提出你自己的方案，讓它更準確地反映你的環境中「開發成本與商業價值的組合」所產生的價值。

表 **14-2**：基於「開發成本與商業價值的關係」所得到的「近似淨商業價值」。

商業價值	開發成本			
	特大	大	中	小
特大	1	5	6	7
大	-4	1	3	4
中	-6	-2	1	2
小	-7	-3	-1	1

有了這份查詢表後，你就可以在原始的「成本／收益」表格中新增第三欄（column），並按照「近似淨商業價值」對該表格進行排序，結果如表 14-3 所示。

表 **14-3**：按照「近似淨商業價值」對「**T** 恤尺寸估算值」進行排序。

故事	商業價值	開發成本	近似淨商業價值
故事 A	大	小	4
故事 F	大	中	3
故事 C	大	大	1
故事 D	中	中	1
故事 ZZ	小	小	1
故事 E	中	大	-2
……			
故事 B	小	大	-3

「近似淨商業價值」這一欄就如同字面所示 —— 它是一個「近似值」（approximation）。我不建議使用「從上往下數，然後畫一條分界線」的方式來決定保留什麼故事、刪除哪些故事。按照「近似商業價值」排序的價值在

於，它可以讓你對清單頂端的故事快速做出「肯定要」（definitely yes）的決策，以及對清單底部的故事快速做出「絕對不」（definitely no）的決策。你仍然需要討論處於中間的那些故事。由於淨商業價值只是一個近似值，因此你偶爾還是會遇到這樣的情況：當你深入查看細節時，你會發現，一個價值只有1分的故事，其實比一個價值2分的故事還要更好。

14.2.1　T 恤尺寸和故事點數

在前述關於 T 恤尺寸方法的討論中，我們使用了「同樣的估算單位」來測量開發成本與商業價值。如果故事已經足夠精煉，到了你可以為它們分配「故事點數」的程度，那麼這項技術同樣適用：我們可以使用「故事點數」來估算開發成本，然後繼續使用「T 恤尺寸」來估算商業價值。我們仍然可以計算「近似淨商業價值」，而「投資報酬率最高的故事」仍然會上升到最前面。無論開發成本使用什麼估算單位，都可以做到這一點。

14.3　故事地圖

因為產品待辦清單通常會包含幾十個或幾百個故事，所以在做優先順序的排序時，很容易混淆或迷失方向。尤有甚者，在每個 Sprint 結束時所交付的故事集合，也容易出現不連貫的情況——即使單獨來看，它們的確各自代表最高優先順序的待辦清單項目。

故事地圖（Story Mapping）是一種強大的技術，它可以協助我們排序「待交付故事」的優先順序，同時把故事集合塑造成為連貫且完整的功能（Patton, 2014）。故事地圖還有助於需求取得、需求分析，以及需求規格，同時在開發過程中，它也可以作為狀態追蹤的輔助工具。

故事地圖由整個團隊進行，包括 3 個步驟：

- 捕捉（capture）主要功能區塊，寫在便利貼上，再將它們按照優先順序從左到右排列，從最高優先順序排到最低優先順序。主要功能區塊將包括特性、史詩／大故事、主題、計畫以及其他大粒度（large grain）的需求。在接下來的討論中，我將把這些統稱為史詩。

- 將頂級史詩（top-level epics）分解為步驟或主題。這種分解並不會改變史詩的優先順序。

- 將每個步驟或主題進一步分解為故事，寫在便利貼上。再將這些分解出來的故事排列在每個步驟或主題下方，按照優先順序從上往下排序。

這個過程會產生一個故事地圖（story map），當中會從左到右和從上到下按照優先順序列出需求。

下面幾個小節將更詳細地描述這些步驟。

14.3.1　第 1 步：按照優先順序排列史詩及其他頂級功能

我們在便利貼上寫下頂級功能（top-level functionality），然後從左到右進行優先順序的排序，如圖 14-1 所示。

我們可以使用 T 恤尺寸或其他技術來對史詩進行優先順序的排序，這些技術包括 WSJF（Weighted Shortest Job First，加權最短工作優先），我們將在「第 22 章」介紹它。

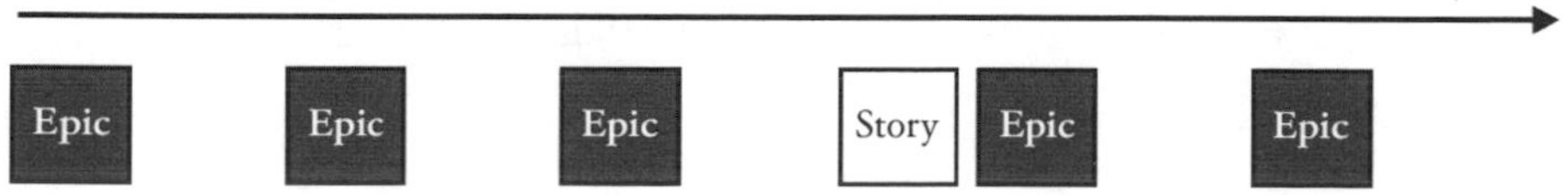

頂級功能的優先順序（從高到低）

圖 14-1：故事地圖會從史詩（和其他頂級項目）開始，從左到右進行優先順序的排列。

位於故事地圖右側的是優先順序較低的史詩,它們可能不夠重要,無法被包含在發布當中。就算它們是重要的,也可能沒有重要到需要被包含在最小可行性產品(MVP)當中。

14.3.2 第 2 步:將頂級史詩分解為步驟或主題

我們可以憑直覺將大多數史詩描述為連續的步驟。有些史詩不會包含連續的步驟,但可以被分解為多個主題,如圖 14-2 所示。

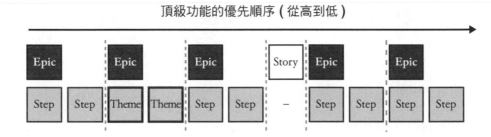

圖 14-2:故事地圖在史詩下方列舉(**enumerate**)步驟或主題,這並不會改變史詩的優先順序。

在故事地圖中,這種第二級分解(即「透過分解得到的第二級步驟和主題」)被稱為「主幹」(Backbone)。沙盤推演一遍「主幹」上的描述,應該能夠為「正在建置的整體功能」提供一個連貫描述。

14.3.3 第 3 步:將每個步驟或主題分解為按照優先順序 排列的故事

在主幹之下,每個步驟或主題會進一步分解為一個或多個故事。這些會按照優先順序從上到下排列,如圖 14-3 所示。排序可以使用 T 恤尺寸,也可以使用較非正式的團隊判斷。

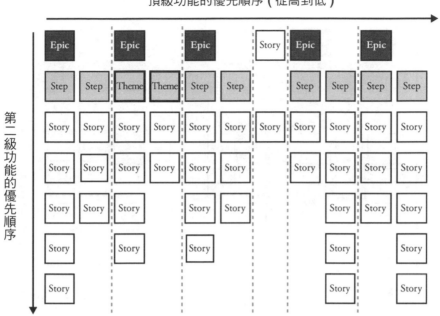

圖 **14-3**：團隊將每個步驟或主題分解為故事，並按照從左到右和從上到下的優先順序對它們進行排序。

在故事地圖中，每個步驟或主題下方「垂直堆疊的故事」被稱為「肋骨」（Ribs）。在主幹下方有一組「最小的故事集」，它構成一個功能連貫的實作（coherent implementation），稱之為地圖的「行走骨架」（Walking Skeleton，即基本功能骨架）。雖然「行走骨架」是功能連貫的，但通常不足以成為一個 MVP，因為 MVP 經常會包括一些在「行走骨架」之外的其他故事。

把這些術語應用到故事地圖中，就如圖 14-4 所示。

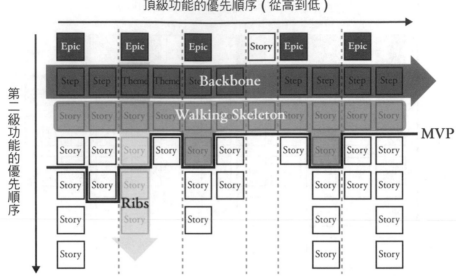

圖 **14-4**：「主幹」正下方的水平功能切片構成了一個發布「最小的、功能連貫的實作」，我
們稱之為「行走骨架」。**MVP** 通常會包括「行走骨架」下方的一些功能。

團隊可以定義一長串細粒度（fine grain）的功能，但這些功能加起來並不能
成為一個功能連貫的發布（coherent release）。透過定義主幹、行走骨架和
MVP，能為團隊交付「更優先、更完整的功能」提供更明確的方向。

1：故事地圖和使用者角色

故事地圖有一個實用的變化型，那就是在頂端不放史詩，而是從使用者角色
（user role）開始：從左到右排序，然後在這些使用者角色下方分解史詩。

2：故事地圖是「資訊輻射器」的一個範例

有效的敏捷實踐強調「讓工作被看見」（making work visible）——不僅要在
網頁上存取，還要提升它在工作環境中的能見度。一張牆上的故事地圖將不斷
提醒團隊關於優先事項、目前任務，以及未來工作流程等事物。敏捷團隊稱這
種視覺化顯示為「資訊輻射器」（information radiator）。

研究發現，這種視覺化顯示對於提升交付效能來說是必要的（Forsgren，2018）。

3：故事地圖是「敏捷鐘擺效應」的一個範例

故事地圖就是軟體開發鐘擺（pendulum）的一個最佳範例：從「純粹的循序式開發」擺盪到「早期的敏捷」，現在又將擺動到一個「更好的敏捷」（better Agile）。早期的敏捷開發會不惜一切代價避免進行「事前的需求工作」，並讓需求即時完成——而且只能即時完成，絕不提前。然而，與敏捷開發密切相關的故事地圖，卻是一種「預先」組織需求並確定優先順序的方法。但故事地圖並不是那種古老的、循序式的、預先精緻化所有需求的實踐。故事地圖的實踐是這樣的：它有助於預先定義一個發布的廣泛範圍，然後繼續為整個發布過程中的「增量需求精煉」提供優先順序和指引。

將循序式開發與敏捷開發結合起來，提供一個兩全其美的方式，故事地圖就是這麼棒的一個例子。故事地圖為「預先確定需求，但僅在需求實作前不久才進行精煉」提供了支持。它有助於避免一種常見的敏捷失敗模式，即「按照優先順序循序式地交付了功能，卻缺乏了整體概觀」。而從左到右、從上到下沙盤推演整面故事牆的行為，往往會揭露更多缺失，例如：史詩中遺漏的步驟、對優先順序的誤解，以及其他錯誤等等。

14.4 其他注意事項

與「需求取得」一樣，幾十年來，「需求的優先順序」一直是一個棘手的問題。除了 T 恤尺寸和故事地圖之外，還可以考慮以下介紹的實用技術。

1：Dot Voting

在 Dot Voting（記點投票）中，每個利害關係人都有固定數量的點數，例如 10 點。利害關係人以他們認為合適的任何方式，在需求中分配他們的點數。舉例來說，在 1 個需求上分配全部 10 點、在 10 個不同的需求上各分配 1 點、在 1 個需求上分配 5 點而其餘的各 1 點——任何分配方式都是可行的。這項技術能讓我們快速發現一組需求的優先順序。

2：MoSCoW

MoSCoW 是必須有（Must have）、應該有（Should have）、可以有（Could have）、不會有（Won't have）的助記詞。在將「提出的需求」劃分為不同類別時，這是一種很實用的方法。

3：MVE

MVE 是 Minimum Viable Experiment（最小可行性實驗）的首字母縮寫，指的是可以用來為團隊提供「有價值回饋」的最小版本。MVE 支持 Cynefin「複雜」領域的工作；它相當於一個探針（probe），可以用來探索可能的產品方向。

4：MVP 的替代品

有一些團隊發現，將 MVP 保持在「最小」可能是一個挑戰。如果你的團隊遇到這個問題，請考慮「最小」的替代方案，包括 Earliest Testable Product（最早可測試的產品，即可感受、可體驗的產品）、Earliest Usable Product（最早可用的產品，即堪用的產品，但不一定是很完美的）和 Earliest Lovable Product（最早受歡迎產品，即真正可以上市的、極有可能扭轉市場潮流的成熟產品）。

5：WSJF

WSJF（Weighted Shortest Job First，加權最短工作優先）是一種基於工作順序將價值最大化的技術。我們將在「第 22 章」中討論 WSJF。

建議的領導行動

》檢查

- 檢視團隊中產品負責人（PO）這個角色的人員任命。這個關鍵角色的工作效率如何？他們正在提升團隊的效率，還是整個團隊中最弱的一環？

- 調查你的團隊正在使用哪些需求排序技術？這些技術是否支持根據「投資報酬率（ROI）的排序」來實作？

- 你的團隊是否只在「細粒度的、商業價值遞減的基礎」上實作功能，從不考慮全局？

》調整

- 如果你的 PO 無法勝任，請培訓他們或換掉他們。

- 與你的團隊合作，並採用一種技術來確定產品待辦清單項目的優先順序，例如 T 恤尺寸或故事地圖。

- 與你的團隊合作，以支持「連貫的功能集合」為目標，實作一份故事地圖。

其他資源

- Patton, Jeff. 2014. *User Story Mapping: Discover the Whole Story, Build the Right Product.*

  Jeff Patton 是公認的「使用者故事地圖」權威專家。

- McConnell, Steve. 2006. *Software Estimation: Demystifying the Black Art.*

  本書「第 12.4 節」對 T 恤尺寸方法進行了更詳細的討論。

第 15 章

更有效的敏捷交付

交付是指開發過程中除了「需求」以外的所有其餘活動的結合。因此,交付提供了一個有用的視角,透過它,我們可以討論「更有效的敏捷開發」的幾個面向。

在本章中,我指的是「交付」(delivery)和「部署」(deployment)。「交付」是指以各種所需的方式準備軟體,使其為部署做好準備,而不是實際去部署它。「部署」則是指採取最後一步,將軟體投入生產環境。

交付所需的最後一步是整合。在敏捷開發中,目標是同時擁有「持續整合」(continuous integration,CI)和「持續交付或部署」(continuous delivery or deployment,CD)。CI 和 CD 實踐是 DevOps 的基石。

持續整合並不是字面意義上的「持續」。這個術語表示開發人員經常將程式碼簽入共享儲存庫中,通常是每天多次。同樣的,持續交付也不是字面意義上的「持續」。在實務中,這是指頻繁且自動化的交付。

15.1 關鍵原則：自動化重複性活動

軟體開發活動傾向從更開放、創造性、非確定性的活動（例如需求和設計）流向更封閉、更確定性的活動，例如自動化測試、提交到主幹（trunk）、使用者驗收測試、預備環境（staging）和生產環境等等。人類更加擅長需要思考的、更開放的上游活動，電腦則更加擅長更具確定性的、重複性的下游活動。

離交付和部署越近，自動化活動就越有意義，這樣才能交由電腦執行。

對於一些公司來說，理想的情況是完全自動化的部署，這需要一個完全自動化的部署管線（pipeline），包括自動化重複性的任務。圖 15-1 顯示哪些任務可以被自動化。

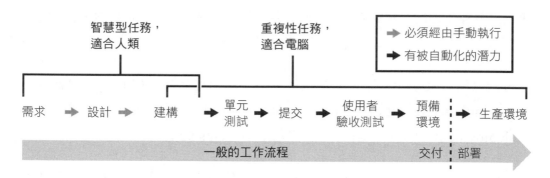

圖 15-1：軟體工作越接近部署，就越適合自動化。

部署頻率的潛力基本上是無限的。幾年來，Amazon 每隔幾秒就部署一次，每小時部署多達 1,000 次（Jenkins, 2011）。大多數組織並沒有任何商業理由部署得如此頻繁，但 Amazon 的表現顯示，部署頻率這件事幾乎是沒有上限的。

如圖 15-1 所示，實作自動化部署的重要觀點是將無法自動化的「需求、設計和程式碼建構」與可以自動化的「交付和部署」分開。

將管線「後期階段的任務」自動化，能為我們帶來提升效率和更快部署的好處。另外還有一個對人類有利的部分。如果你從「自主、專精、目的」的角度考慮自動化的影響，自動化亦有助於動機（motivation，激勵）。它移除了無法提供成長機會的重複性任務，把時間騰出來，讓人們得以投入那些能夠提供成長機會的上游活動。

15.2 支持 CI/CD 的工作實踐

支持 CI/CD 需要一些工作實踐，其中有一些已經在前面的章節中討論過。

1：自動化幾近所有活動

為了全面實作 CI/CD，需要整個開發環境的自動化。這包括對以下任務進行版本控制（尤其是那些原本沒有使用版本控制的產出物），例如：程式碼、系統配置、應用程式配置、建置、配置腳本等等。

2：增加對自動化測試的重視

「自動化測試環境」應該要支持每一次的程式碼更改，讓它們得以通過多種不同類型的自動化測試，包括單元測試、API 測試、整合測試、UI 層測試、隨機輸入的測試、隨機資料的測試、負載測試等等。

CI/CD 的一個主要好處是自動偵測和拒絕那些不可接受的更改，這些更改之所以是不可接受的（unacceptable），是因為它們引入了錯誤，或是導致效能下降。

3：優先考慮提高可部署性

維護「自動化部署管線」需要付出努力，為了使 CI/CD 正常工作，團隊必須優先考慮將系統保持在可部署狀態，而不是進行新工作（Humble, 2015）。

反之，團隊若是優先考慮新工作，而不是維護「自動化部署管線」的話，這樣的選擇將帶來長期的痛苦，進而導致開發速度下降。

4：擴大你的 DoD

在任何專案中，「完成定義」（DoD）都是一個重要的概念，而在 CI/CD 環境中，DoD 的具體細節也變得更加重要。

在 CI/CD 環境中，DoD 需要包括單元測試、驗收測試、回歸測試、預備環境部署，以及版本控制等標準。圖 15-2 顯示了一份適合 CI/CD 環境的 DoD。

☐ 產品增量中的所有 PBI 都必須滿足驗收標準 *

☐ 靜態程式碼分析過關

☐ 單元測試順利執行無誤

☐ 藉由單元測試得到 70% 的陳述式覆蓋率

☐ 系統測試及整合測試完成

☐ 所有回歸測試都過關 *

☐ ……

☐ 在類生產環境中 (在預備環境中) 展示 *

☐ 程式碼必須被提交到版本控制的主幹上，程式碼必須是可發布狀態或是已經發布 *

圖 15-2：一份適合 CI/CD 環境的 DoD 範例。標有星號的項目，它們與單一普通專案的 DoD 不同。

5：強調增量式的工作實踐

為了實現「最小化缺陷插入和缺陷偵測之間的差距」這個目標，我們需要採取幾個步驟：

- 經常提交／推送程式碼（至少每天一次，能更頻繁最好）。

- 不要提交／推送損壞的程式碼。

- 立即修復部署管線中的中斷狀況（break），包括損壞的建置（broken build）。

- 用實作程式碼編寫自動化測試。

- 必須通過所有測試。

這些實踐有助於確保每次增加新功能或進行更正時，團隊的軟體都處於可發布狀態。

6：使用持續部署衡量整體的開發效率

讓人類重複地做一些可以由電腦執行的任務，這就是一種浪費。將「程式碼更新」部署到「生產環境」需要多久時間？這一段前置時間（lead time，又譯交貨時間）是一個非常實用的測量指標，可以讓我們知道，整個部署管線中需要多少手動工作量（人力）。

測量「部署所需的前置時間」可以帶來許多改進，例如：進一步提高測試自動化程度；簡化及自動化「建置、發布和部署」的流程；讓團隊在設計應用程式時，更加強調「可測試性」和「可部署性」等等。此外，它還會促使團隊採用小批次的做法來開發和部署功能。

Humble、Molesky 和 O'Reilly 曾這樣建議：『如果有一件事情讓你感覺到痛苦，那麼就要更頻繁地去做，讓痛苦的感覺提前。』（Humble, 2015）。換句話說，如果這件事情很困難，就讓它自動化，這樣就不會痛苦了。對於那些適合做自動化的下游活動來說，這是極好的建議。

15.3 CI/CD 的好處

CI/CD 帶來了許多明顯和不那麼明顯的好處。明顯的好處包括更快、更頻繁地將新功能交付到使用者手中，而那些不那麼明顯的好處可能更加重要。

團隊學習得更快了。因為他們將更頻繁地經歷「開發－測試－發布－部署」的循環，從中得到更頻繁的學習機會。

缺陷在引入時就會被偵測到，因此修復它們的成本更低了。正如「第 11 章」中所討論的那樣。

團隊的壓力變得更小了。因為「一鍵式（push-button）的發布」變得容易，無需擔心人為錯誤導致發布失敗。

隨著部署變得更加可靠、更有規律，發布現在可以在正常的工作時間內執行了。如果發現錯誤，整個團隊都可以參與其中，而不僅僅是那些（疲倦的）on call 人員。

即使你正在開發的是一個關鍵任務型的軟體（mission-critical software），不會經常對外發布，但強調「每天發布多次」也是有益的。更頻繁的發布，即使只是在內部發布，也會讓「品質」成為團隊持續關注的重點。更頻繁的發布會加速團隊的學習，因為每次發布無法完成時，團隊都有機會了解為什麼它沒有發布成功，並持續在該領域進行改善和調整。

最後，CI/CD 可以提升團隊的動力（提高團隊的積極度）。正如本章前面所述，因為它讓團隊得以投入更多時間，轉而從事那些有更多成長機會的工作。

15.4 其他注意事項

15.4.1 持續交付

在軟體業中，CI/CD 已經是一個十分普遍的術語，它表示組織通常會「同時」進行持續整合和持續交付。但是我們卻看到，大多數組織並沒有實作 CI/CD 的「CD」部分。DZone Research 報告指出，雖然 50% 的組織認為他們已經實作了持續交付，但實際上只有 18% 的組織符合真正持續交付的定義（DZone Research, 2015）。

CI 是 CD 的先備條件，因此我們發現，第一步「先把 CI 正確做好」是有意義的。儘管最近像 Netflix 和 Amazon 這樣「每天部署數百次」的環境得到相當多的關注，但那些每週、每月、每季甚至更久才部署一次的環境才是更常見的，而且在可預見的未來都會是如此（軟體業的常態）。你可能正在一些無法接受頻繁發布的系統上工作，例如：嵌入式系統、軟硬體組合產品、受管制系統（regulated system）、企業級空間，或是遺留系統等等。即便如此，你仍然可以將「CI 的重複部分」自動化，並從中獲益。即使永遠不會需要持續部署，你還是可以從與持續交付相關的紀律中得到好處。

這是「敏捷邊界」（Agile boundary）概念很有用的一個領域——你可以有充分的理由來繪製你的敏捷邊界，這條邊界內包含了 CI，但不包含 CD。

敏捷邊界也適用於外部客戶，就像它適用於內部開發組織一樣。我們曾與某些組織合作過，他們具備「更加頻繁地向外部發布軟體」的能力，但他們卻沒有這樣做——實際的情況是，他們「發布的頻率」之所以較低，是因為他們的客戶要求他們這樣做。他們的客戶位於敏捷邊界之外。然而，為了取得本章中描述的那些好處，他們仍然經常交付和發布「內部的版本」。

建議的領導行動

›› 檢查

- 熟悉你的「交付／部署管線」中的自動化程度。

- 與你的團隊進行面談，了解他們在那些可以被自動化的、重複性的「交付／部署活動」中，投入了多少精力。

- 清點「交付／部署流程」中仍以手動完成的活動。哪些活動阻礙了你的團隊進行「一鍵式交付」？

- 調查並確定你的團隊的工作計畫，是否達到了足以支持「頻繁整合」的程度？

- 測量團隊從「程式碼更改」到「軟體部署」之間所需要的前置時間。

›› 調整

- 鼓勵你的員工經常性地整合他們的工作，至少每天整合一次。

- 建立一份支持「自動化交付」和「自動化部署」的完成定義（DoD）。

- 為你的團隊制定一個計畫，盡量自動化他們的建置和部署環境。

- 與你的員工溝通，團隊必須優先考慮那些「保持交付／部署管線正常運作的工作」，而不是「建立新功能」。

- 設定一個可以量化（quantitative）的目標，以減少從「程式碼更改」到「軟體部署」的前置時間。

其他資源

- Forsgren, Nicole, et al. 2018. *Accelerate: The Science of Lean Software and DevOps: Building and Scaling High Performing Technology Organizations*.

  本書展示了一個令人信服的案例,說明「部署管線」是一個有效且健康的交付型組織的中心焦點。

- Nygard, Michael T. 2018. *Release It!: Design and Deploy Production-Ready Software, 2nd Ed.*

  本書涵蓋了一系列的架構與設計問題;本書也討論了在更快、更可靠的部署流程中會遇到的部署問題。

PART IV

更有效的組織

本書的 PART IV（第四部分）將探討敏捷開發的問題；
這些問題最好在組織的較高管理層級解決——而且在
某些情況下，「只能」在最高層級解決。

第 16 章

更有效的敏捷領導力

在許多敏捷愛好者的眼中,他們經常認為敏捷實作依賴於僕人式領導的精神
(servant leadership)。我相信這是真的,但我也認為它太模糊了,對於敏捷
導入沒有特別助益。我們需要更直接的指引。無論你是決定全面採用敏捷,還
是小規模地採用敏捷,領導力(leadership,領導階層)都是敏捷實作的成敗
關鍵,因此本章會探討許多關鍵原則。

16.1 關鍵原則:管理結果,而不是管理細節

組織的生死取決於他們做出的承諾和他們遵守的承諾。有效的敏捷實作包括了
團隊與領導階層之間的互相承諾。

敏捷團隊(特別是 Scrum 團隊)向領導階層承諾,在每個 Sprint 結束時,他
們會交付他們的 Sprint 目標。在循規蹈矩的(high-fidelity)Scrum 實作中,
承諾被視為絕對的——團隊將竭盡所能地工作來實現他們的 Sprint 目標。

相對的,領導階層也要向 Scrum 團隊承諾,Sprint 是神聖不可侵犯的。領導階
層不會在 Sprint 期間改變需求或擾亂團隊。在傳統的循序式專案中,這不是一
個合理的期望,因為專案週期很長,而且情況必然會發生變化。然而在 Scrum
專案中,這種期望是完全合理的,因為 Sprint 通常只有 1 到 3 週的時間。如果
組織在這段時間內都不能保持專注而不改變想法,那麼組織所面臨的問題可能
比「Scrum 實作是否成功」這件事還要更嚴重。

「將團隊和 Sprint 視為黑盒子」以及「僅管理 Sprint 的輸入和輸出」，這樣的想法和做法帶來了理想的副作用，有助於業務主管避免「微觀管理」（micromanagement），並且鼓勵更多的領導姿態。業務主管需要為團隊指引方向、解釋工作目的、詳細說明不同目標之間的優先順序，然後讓團隊自由發揮，獲得讓他們感到驚豔的結果。

16.2　關鍵原則：用指揮官意圖表達明確目的

「自主」（Autonomy）和「目的」（Purpose）是相互關聯的，因為除非團隊了解他們工作的「目的」，否則他們無法擁有「有意義、健康的自主權」。一個自我管理的團隊需要在內部做出絕大多數的決策。他們具有跨職能的技能和這樣做的權力。但是，如果團隊沒有清楚地了解他們工作的「目的」，團隊的決策就會被誤導（字面意義上的「被帶入歧途」）。根據「團隊的自主權」（自主）和「目標的明確性」（目的），團隊可能會獲得不同的結果，如圖 16-1 所示。

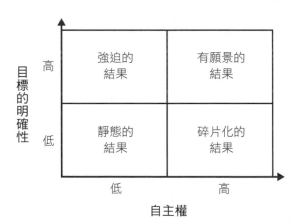

圖 16-1：「自主權」與「目標的明確性」。

「指揮官意圖」（Commander's Intent）是美國軍方使用的一個概念，指的是對「期望的最終狀態」的公開聲明、軍事行動的目的，以及必須完成的關鍵任務。「指揮官意圖」在這些情況下特別有用：當事件沒有按照原計畫展開時、當溝通中斷時，以及當團隊需要在無法與「更高層級的指揮官」商量的情況下做出決策時。

在軟體情境中，你的目標是相似的。與公司領導階層的溝通可能不會被強行打斷，但一般來說，我們會有很長的一段時間，不容易接觸到公司的領導階層[5]。此時，事件並沒有按照原計畫展開，而團隊仍然需要做出決策。在這種情況下，團隊將因擁有「指路明燈」或「北極星」或「指揮官意圖」而受益，他們可以從中得到方向。

一個良好的「指揮官意圖」將包括以下內容：

- 描述這份專案或計畫的「原因」與「動機」；即「目的」。
- 生動地視覺化「期望的最終狀態」。應該要讓團隊成員了解成功的樣貌，以及他們在實現成功過程中所扮演的角色。

想要成為「敏捷」的組織需要培養「清楚描述目的」的能力。其管理者應該要更重視透過目標（objective）進行領導，而不是透過關注細節進行管理。正如 George S. Patton 所言：『絕對不要告訴人們該如何做事。只需要告訴他們該做哪些事，他們的巧思和創意會讓你大吃一驚。』

---

[5] 我曾經與一位軟體主管共事，他每 6 個月只與老闆會面 30 分鐘。

16.2.1 設定與溝通優先順序

有成效的敏捷主管會透過傳達「明確的優先順序」來支持他們的團隊。我們看過許多組織，他們把所有事情都列為最高優先事項，並把難題留給團隊去解決。有些公司甚至會過度頻繁地重新確定優先順序，或是優先考慮過於精細的細節，或是完全拒絕進行優先順序的排序。這些錯誤非常普遍，導致成效低落。

拒絕進行優先順序的排序是領導階層軟弱的表現。這相當於放棄了制定決策的責任。如果你關心「會完成什麼工作」，就必須針對優先事項做出決定，並將這些決定明確地傳達給你的團隊。

頻繁地重新設定優先順序可能同樣地具有破壞性。優先順序的頻繁變化會破壞團隊的自主權和使命感。主管應該問自己：『從現在起的 6 個月後，這次重新設定的優先順序是否同樣重要？』如果答案是否定的，那麼它就沒有重要到必須隨機調整團隊的程度。

「指揮官意圖」是一個很好的視角，透過它可以查看適當的優先順序。主管應該要定義成功的樣貌——目標、結果、影響和收益——但不要定義細節。

在設定優先順序這個領域，有效的敏捷實作有機會突顯出組織的弱點，進而威脅到主管。我們偶爾會看到主管終止了敏捷實作，因為頻繁的交付（或缺乏頻繁的交付）突顯了主管無法為他們的團隊提供明確的優先順序。

這一點的重要性再怎麼強調都不為過。如果你無法有效地設定團隊工作的優先順序，那麼你就不是在領導。你的專案所取得的成果將遠遠不及它能夠取得的成果，也遠遠達不到你的團隊應得的成果。設定優先順序方面的弱點或缺失會帶來不適，但任何想要提升效率的組織都不會迴避這一點，反之，他們會利用這種不適作為改進的動力。

16.3 關鍵原則：關注產出量，而不是活動

不稱職的主管往往更關注「趕進度」的「感覺」，而不是專案進度的「真實情況」。但並非所有的活動都是進度（progress，進步），而「忙碌」經常是糟糕結果的代表。

一個富有成效的組織，它的目標應該是最大化「產出量」（throughput），即工作完成的速度，而不是工作開始的速度或活動的多寡。主管必須接受，一定程度的鬆綁對於最大化「產出量」來說是必要的（DeMarco, 2002）。

Scrum 在團隊層面而不是在個人層面保持「當責（accountability）意識」的一個原因是它允許團隊「自行決定」如何才能達到最高效能。如果其中一位團隊成員休息（暫停）一天就能提升工作效率，那麼團隊可以自由地做出這項決定，讓他休息一天。

「允許個人擁有空閒時間」是一種違反直覺的「最大化」產出量的方法，但追根究底來說，對組織而言，重要的是每個團隊的總產出，而不是每個人的產出。如果團隊正在有效地優化團隊生產力，那麼組織就不應該關心個人層面所發生的事情。

16.4 關鍵原則：關鍵敏捷行為的表率

稱職的主管會以身作則，表現出他們希望在員工身上看到的那些行為。這些行為應該包括：

- 「培養成長心態」：致力於在個人層面和組織層面持續精進。
- 「檢查和調整」：不斷反思、從經驗中學習，並應用所學。
- 「寬容對待錯誤」：接受每個錯誤並將其視為學習機會，使用這種做法以身作則。

- 「**修復系統，而不是個人**」：當問題發生時，將其視為尋找系統缺陷的機會，而不是責怪個人。

- 「**承諾高品質**」：用你的行動來傳達對高品質的明確承諾。

- 「**發展業務重點**」：展示你的決策如何包含業務方面及技術方面的考量。

- 「**強化回饋迴圈**」：積極回應你的團隊（即使他們不需要，因為你已經清楚地表達了你的指揮官意圖）。

建議的領導行動

≫ 檢查

回顧自己作為主管的表現：

- 你是否將你的敏捷團隊視為黑盒子，管理他們在履行承諾方面的表現，而不是管理細節？

- 你的「指揮官意圖」表達清楚了嗎？你的團隊能否為他們的工作表達一個生動的、最符合現狀的成功定義？如有必要，他們是否可以在沒有你參與的情況下工作幾週？

- 你是否為你的團隊設定了明確和現實的優先事項，並為此進行溝通？

- 你是否關注團隊的產出量，而不是他們表面上的活動多寡（而不是他們看起來有多忙碌）？

≫ 調整

- 要求你的團隊根據上述「檢查」標準對你的領導績效做一個 360 度的審查。以身作則從錯誤中學習，歡迎你的團隊給予回饋。

- 根據你的自我評估結果和團隊的意見，制定一份「個人領導力自我提升行動」的優先清單。

其他資源

- U.S. Marine Corps Staff. 1989. *Warfighting: The U.S. Marine Corp Book of Strategy*.

  這本小書描述了美國海軍陸戰隊的計畫和行動方法。我在描述中發現了許多與軟體專案相似的地方。

- Reinertsen, Donald G. 2009. *The Principles of Product Development Flow: Second Generation Lean Product Development*.

  本書包含了對「產出量」（throughput）或「流程」（flow）的延伸討論。Reinertsen 提出了一個令人信服的論點，即「不關注產品開發的流程」這件事，正如他所說的：『是大錯特錯的』。

- DeMarco, Tom. 2002. *Slack: Getting Past Burnout, Busywork, and the Myth of Total Efficiency*.

  DeMarco 提出了一個論點，證明不該讓員工「負責的工作量」滿載。

- Storlie, Chad, 2010. "Manage Uncertainty with Commander's Intent," *Harvard Business Review*, November 3, 2010.

  本文對「指揮官意圖」的描述比我在本章中給出的更為詳細。

- Maxwell, John C. 2007. *The 21 Irrefutable Laws of Leadership*.

  Maxwell 的書與我在軟體主管身上看到的、有時「過度分析」的領導作風，形成了很好的對比。Maxwell 提出了一些關鍵建議，例如『心先於腦』和『人們不在乎你知道多少，除非他們知道你有多在乎（他們）』。

第 17 章

更有效的敏捷組織文化

大多數的敏捷實踐都是基於「團隊」的實踐，它們為團隊績效、學習和改進提供支援。領導者也有機會將「團隊層面的原則」擴展到「組織層面的工作」。本章將探討如何在組織層面支持更有效的敏捷實踐。

17.1 關鍵原則：寬容對待錯誤

正如我之前提到的，敏捷開發依賴於「檢查和調整」（Inspect and Adapt）的使用，這是一個學習循環，它需要你犯下一些「深思熟慮的錯誤」（calculated mistake），然後從中學習、改進。所謂「深思熟慮的錯誤」，是指當你知道你對結果沒有信心，在這樣的情況下仍然選擇做出決策，無論結果如何，你都會專注從結果中學到東西。

從 Cynefin 的角度來看：「繁雜」的專案需要犯下少量「深思熟慮的錯誤」；「複雜」的專案需要犯下大量「深思熟慮的錯誤」。因此，組織必須「寬容對待錯誤」，這樣錯誤才可以被看見、被檢查，最終對組織有益。反之，若是將錯誤隱藏起來、為犯錯感到羞恥，最終只會對組織有害。

正如 Jez Humble 所言：『在一個複雜調適系統（complex adaptive system）中，失敗是不可避免的。當事故發生時，人為錯誤從一開始就要被包括在不咎責的事後檢討（blameless post-mortem）中』（Humble, 2018）。有些組織（如

Etsy）會宣傳和慶祝錯誤——「慶祝」的重點是基於這樣的想法：『我們很高興我們犯了這個錯誤，否則我們永遠不會了解 X。』

17.1.1　盡快犯下必要的錯誤

「複雜」的專案不僅取決於從錯誤中學習，還取決於盡快犯下錯誤（儘早開始試誤）。最重要的是，要建立一種在必要時毫不猶豫地犯錯的組織文化。如圖 17-1 所示，這可不是允許犯下粗心錯誤的免死金牌。但是，在無法提前確定決策結果的情況下，建立一種積極參與並從經驗中學習的文化是有益的。

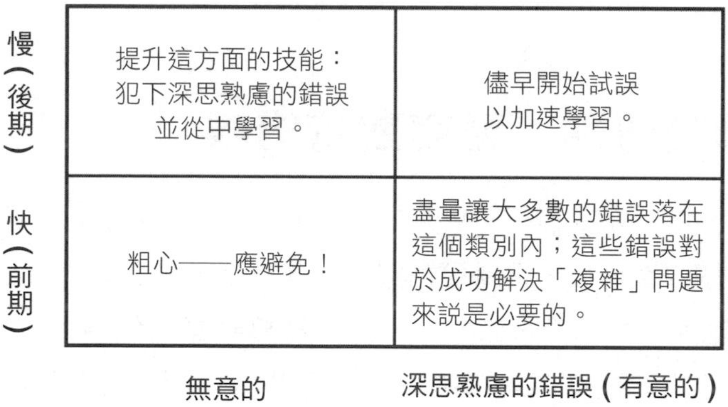

	無意的	深思熟慮的錯誤（有意的）
慢（後期）	提升這方面的技能：犯下深思熟慮的錯誤並從中學習。	儘早開始試誤以加速學習。
快（前期）	粗心——應避免！	盡量讓大多數的錯誤落在這個類別內；這些錯誤對於成功解決「複雜」問題來說是必要的。

圖 17-1：錯誤的類型——需要寬容對待的錯誤的分類。

17.1.2　在復原時段中修正錯誤

問題有所謂的復原時段（recovery window，即修復黃金期），在這段期間內修正錯誤的痛苦感較低。一旦超出這段時間，修正錯誤的痛苦感就會增加。修正內部版本中的錯誤，成本並不高；但在向客戶推出後才修正錯誤，代價就大了。問題越早浮出水面，在復原時段中得到修正的機會就越大。好消息傳播得很快；壞消息需要傳播得更快。

17.1.3 鼓勵向上呈報錯誤

一個認真考慮「寬容對待錯誤」的組織也需要鼓勵「向上呈報錯誤」（escalation of errors）。與錯誤有關的任何資訊，應自由地傳播到修正錯誤所需的層級。1990 年代初期，我在 Microsoft 任職，當時 Microsoft 在這方面做得很好。有一天下午，老闆走進我的辦公室說：『我需要發洩一下。我剛剛參加了 BillG（比爾·蓋茲）的檢討會議，結果我被臭罵一頓。我花了兩個星期，只為了解決一個問題，但 Bill 說，他只要打一通 5 分鐘的電話就可以解決這個問題。他責怪我沒有向上委託給他。我感覺很糟糕，因為我確實該被責罵。我知道我應該把這個問題委託給他，但我沒有。』

17.2 心理安全感

「寬容對待錯誤」是很重要的，原因有很多，其中之一是因為它有助於團隊的心理安全感（psychological safety）。Google 人力資源部（HR）一項為期 2 年的研究專案發現，有 5 大因素會影響 Google 的團隊效率，如圖 17-2 所示。

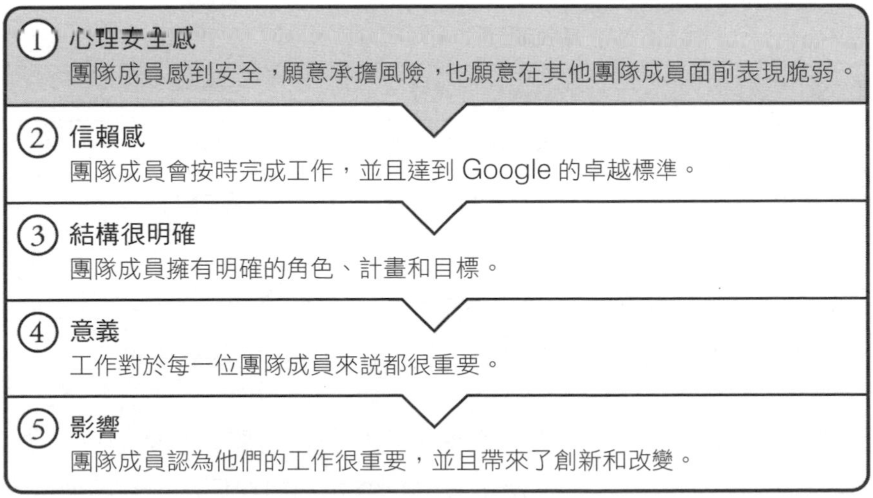

① 心理安全感
團隊成員感到安全，願意承擔風險，也願意在其他團隊成員面前表現脆弱。

② 信賴感
團隊成員會按時完成工作，並且達到 Google 的卓越標準。

③ 結構很明確
團隊成員擁有明確的角色、計畫和目標。

④ 意義
工作對於每一位團隊成員來說都很重要。

⑤ 影響
團隊成員認為他們的工作很重要，並且帶來了創新和改變。

圖 17-2：在 Google，打造「成功團隊」最重要的因素是「心理安全感」。

Google 的研究發現，到目前為止，對團隊效率最重要的影響因素是心理安全感。他們將心理安全感定義為：「我們能否在這個團隊中冒險，而不會感到不安或尷尬？」Google 將心理安全感描述為其他 4 大因素的基礎。他們發現：『團隊中心理安全感較高的個人不太可能會離開 Google，他們更有可能利用隊友的不同想法的力量，他們會帶來更多的收入，而且他們會被主管們認定具有兩倍的效率。』（Rozovsky, 2015）

Google 的研究與 Ron Westrum 先前的研究是一致的（Westrum, 2005）（Schuh, 2001）。Westrum 提出了組織文化的「三文化模型」（Three Cultures Model）：病態型（權力導向）、官僚型（規則導向）、生產型（績效導向）。這些文化的屬性如表 17-1 所示。

表 **17-1**：**Westrum** 的「三文化模型」中不同文化的屬性。

病態型	官僚型	生產型
權力導向	規則導向	績效導向
低度合作	適度合作	高度合作
信差「被擊殺」	信差「被忽略」	信差「被訓練」
推卸責任	限縮責任	分擔風險
不鼓勵跨部門溝通	容許跨部門溝通	鼓勵跨部門溝通
失敗→就找代罪羔羊	失敗→找到責任歸屬	失敗→找出問題原因
創新胎死腹中	認為創新會導致問題	創新想法被實現

Westrum 發現，生產型文化比病態型文化和官僚型文化更有效——它們的表現超出預期，展現更高的靈活性（敏捷力），並顯示更好的安全感。

病態型組織的特點是隱匿壞消息。生產型組織會在內部發布壞消息。生產型組織把壞消息當作改進的機會，透過事後的調查找出問題原因。Westrum 提出的模型亦強調了「寬容對待錯誤」的重要性。

17.3 關鍵原則：測量團隊產能，並以此進行計畫

有效的組織認為，在軟體開發工作中，每個團隊甚至整個組織都有他們固定數量的產能（capacity）。這種產能取決於個人生產力、團隊生產力、員工的增加和減少，以及隨著時間增加的、可測量的生產力提升。

有效的組織會測量自身的產能，並根據過去的、量化的績效歷史來制定計畫（這裡的歷史表現通常是依據「每個團隊的速度」）。這種做法與另一種更出於本能的做法形成了對比，在後者的做法中，組織會依據「期望」來制定計畫，「期望」團隊會突然表現出爆發力十足的產能（也就是說，『這裡要有奇蹟』）。

相較於上述那種出於本能的做法，那些針對「技術工作的產能」做出自我評估的做法，在「專案組合（project portfolio）的計畫」以及「設定專案截止日期」等方面就派上了用場。如果組織可以清楚地看到自己的產能，它就能好好地指派工作，並設定一個團隊可以滿足的截止日期。但是，如果組織不了解自己的產能，或是「假設」團隊會突然表現出爆發力十足的產能，並以此制定計畫，那麼團隊的工作量將因此超出負荷，團隊和整個組織也將面臨失敗的風險。

對組織產能的極端看法，以及隨之而來的專案壓力，會導致一些意想不到的、最終具有破壞性的後果：

- 團隊無法履行承諾（Sprint 目標），這也表示組織無法履行它的承諾。
- 由於團隊無法履行他們的承諾，團隊成員對於他們的工作沒有「專精」（熟練度）的感覺，他們的動力（積極度）會受到影響。
- 團隊負擔過重，這會妨礙成長心態（Growth Mindset），進而削弱了團隊和組織隨著時間改進的能力。
- 負擔過重還會導致團隊精疲力竭、人員流動率增加，以及產能減少。

正如我 20 多年前在《*Rapid Development*》中所寫的那樣，領導者向團隊施加壓力，因為他們相信，這種壓力會產生一種業務緊迫感，迫使團隊確定有用的優先順序。然而，在實務運作中，試圖灌輸業務緊迫性通常會使團隊陷入全面的、適得其反的恐慌──即使領導者認為自己只施加了很小的壓力（McConnell, 1996）。

今天的敏捷開發提供了許多有用的工具，可以在團隊層面和組織層面上合理安排工作的優先順序。請使用這些工具，而不是一直施加壓力。

17.4 建立實踐社群

與我們合作過的一些公司發現，建立「實踐社群」（Community of Practice）來支援敏捷中的各種角色，可以加速提升角色們的有效表現。每個社群的組成人員，都是那些對自己所做的事情有共同興趣，並且希望做得更好的人。每個社群自行定義最適合成員的互動方式。例如，會議可以是面對面的，也可以是線上的。

實踐社群所討論的重點可以是以下任何一項或是全部：

- 一般的知識分享；指導初級成員
- 討論常見的問題情境和解決方案
- 分享使用工具的經驗
- 分享來自回顧會議的經驗教訓（並邀請回饋）
- 識別組織中表現不佳的領域
- 人脈網路（人際交流）
- 確定組織內的最佳實踐
- 分享挫折、發洩並相互支援

你可以為 Scrum Master、產品負責人、架構師、QA 人員、SAFe 諮詢顧問（SPC）、敏捷教練、DevOps 人員和其他專業人士建立實踐社群。這樣的參與通常是自願的和自己選擇的，因此只有感興趣的人才會參與。

17.5　組織在支持「更有效的敏捷」方面的作用

支持「成功團隊」的因素有很多，有些因素是在團隊的控制之下，更多因素則是在組織層面的控制之下。

如果組織（公司）破壞了團隊的努力，那麼敏捷團隊就不可能成功。組織的破壞（削弱）方式有很多種，包括：將錯誤歸咎於團隊、不支持團隊擁有自主權、沒有充分與團隊溝通「目的」，以及不讓團隊隨著時間持續成長等等。當然了，這些並不是敏捷團隊獨有的困境。一般來說，所有團隊都必須面對這樣的問題。

如果公司能在整個組織範圍內建立不咎責的文化、為團隊配備所需的全部技能、為團隊安排適當的工作量、定期向團隊傳達「目的」以及支持團隊隨著時間持續成長，團隊就會更成功。

根據你在敏捷之旅中所處的位置，你組織中的其他領導者可能需要與你一起踏上這段旅程。回顧一下我們在「第 2 章」中繪製的敏捷邊界，你便可以識別出其他領導者，並制定一個「如何與他們合作」的計畫。

建議的領導行動

≫ 檢查

- 反思你在過去幾週或幾個月內對團隊犯下錯誤的反應。你的團隊是否將你的反應解釋為「寬容對待錯誤」並強調「從錯誤中學習」？你是否以身作則，也從自己的錯誤中學習？

- 訪談你的團隊成員，評估他們的「心理安全感」程度。他們承擔風險時，能否感到安心、不尷尬？

- 分析「你的組織」與 Westrum 模型的「生產型文化」之間的差距（gap）。

- 檢視你的組織將工作指派給團隊的方法。你是否根據觀察到的「團隊的歷史產能」（團隊的過去表現）來設定期望？

≫ 調整

- 下定決心，在面對你與團隊「溝通中的錯誤」時寬容對待這些錯誤。

- 告訴你的團隊，你希望他們以穩定步調工作，藉此促進學習和成長。要求他們回報進度時程安排方面是否阻礙了這樣的學習和成長。

- 制定一個計畫，彌補你在「三文化模型的差距分析」中所發現的差距。

- 制定一個計畫，讓組織中的其他領導者與你一起踏上敏捷之旅。

其他資源

- Rozovsky, Julia. 2015. *The five keys to a successful Google team.* [Online] November 17, 2015. [Cited: November 25, 2018.] https://rework.withgoogle.com/blog/five-keys-to-asuccessful-google-team/.

  這篇文章介紹了 Google 在組織文化（organizational culture）方面的工作。

- Westrum, Ron, 2005. "A Typology of Organisational Cultures." Quality and Safety in Health Care, January 2005, pp. 22-27.

  這是 Westrum 關於他的三文化模型的權威性論文。

- Forsgren, Nicole, et al. 2018. *Accelerate: The Science of Lean Software and DevOps: Building and Scaling High Performing Technology Organizations.*

  本書討論了 Westrum 的組織文化模型在 IT 公司中的應用。

- Curtis, Bill, et al, 2009. *People Capability Maturity Model (PCMM), Version 2.0, 2nd Ed.*

  這份文件描述了在技術組織中提升「人力資源實踐」成熟度的做法。這種做法是合乎邏輯的，價值也很明顯。文件本身可能難以閱讀。我建議從 Figure 3.1（圖 3.1）開始了解脈絡。

更有效的敏捷測量

效率較低的敏捷實作有時會將「測量」（measurement）視為敵人。更有效的敏捷實作則會運用「測量」，將量化資料（quantitative data）包含在流程變更決策中，而不是僅根據主觀意見做出決策。

從本章開始，我會利用 3 章的篇幅討論敏捷開發的量化方法：「第 18 章」將介紹如何建立一條有意義的測量基準線（measurement baseline）、「第 19 章」將討論如何使用測量來改善流程和提高生產力、「第 20 章」將討論估算（estimation）。

18.1 測量工作量

測量會從測量「已完成多少工作量」開始。在敏捷專案中，這表示使用「故事點數」（story point）來測量工作項目（work item）的大小。故事點數是測量工作項大小和複雜性的指標。敏捷團隊主要使用故事點數來估算、計畫和追蹤他們的工作。故事點數對於測量「流程改善」和「生產力提升」來說也很有幫助。

敏捷團隊最常使用依據費氏數列分配的故事點數量表（從 1 到 13，即 1、2、3、5、8 和 13）。每個工作項目都被分配了一個以故事點數為單位的大小。將各個工作項目的大小相加，就可以得出所有工作以故事點數為單位的總規模。

不是費氏數列的值則不會被使用到，例如 4 和 6。這有助於避免「假精確」
（false precision）的情況，也就是在團隊甚至不知道故事是 3、5 還是 8 時，
爭論故事應該是 5 還是 6 的情況。

在理想世界中，應該要有一個測量和分配每個故事點數的通用標準。但在現實
世界中，每個團隊都定義了自己的量表（scale），也就是在自己的團隊中，一
個故事點數有多大。在使用這個量表一段時間之後，團隊會針對「1 有多大」、
「5 有多大」等等達成一致共識。在故事點數量表穩定之前，大多數的團隊都
需要擁有實際分配故事點數的經驗。

分配故事點數之後，團隊就不能根據實際情況更改故事點數的分配。如果一個
故事最初被分配了 5 個故事點數，但在完成時感覺更像是 8 個故事點數，那麼
它仍然是 5，不能改變。

18.1.1 速度

一旦藉由故事點數確定了工作的規模，下一步就是計算完成工作的「速度」。

在敏捷團隊中，「每個 Sprint 中完成多少故事點數」構成了團隊的速度。一
個團隊在一個 Sprint 中完成了 42 個故事點數，該團隊在 Sprint 中的速度為
42。一個團隊在一個 Sprint 中完成了 42 個故事點數，在下一個 Sprint 中完成
了 54 個故事點數，接下來的 Sprint 完成了 51 個，之後的 Sprint 完成了 53 個，
這樣團隊平均速度為 50。

單一 Sprint 的速度會有所波動，這通常沒有什麼意義。隨著時間的進展，平
均速度的變化趨勢將更具意義。一旦團隊建立了一個它認為可以準確代表其
「工作完成率」（work-completion rate）的基準速度，團隊就可以開始嘗試
改善流程，並觀察這些改進對速度的影響。「第 19 章」將詳細討論如何做到
這一點。

有些團隊還會追蹤「範圍速度」（scope velocity），這是將工作新增到「正在進行中的專案」的速度。

18.1.2 小故事

如果不是為了支援測量，而是一般用途的話，有些團隊會使用額外的故事點數值——例如 20、40 和 100（整數）或 21、34、55、89（費氏數列 Fibonacci numbers，又譯斐波那契數列）——來表示主題、史詩和較大的待辦清單項目。

為了支援有意義的測量，故事應該被分解，以便它們更適合 1 到 13 的量表，而且團隊應該注意按照比例應用故事點數。一個「分配了 5 個故事點數的故事」，它的大小和複雜度，應該大約是「分配了 3 個故事點數的故事」的 5/3 倍。這讓團隊能夠執行有意義的數學運算，例如把所有故事點數相加起來。

像 20、40 和 100 這樣的數字不應該一視同仁。它們更像是對規模的隱喻，而不該被視為精確的數字。也就是說，在測量工作中應該避免使用它們。

18.1.3 短迭代週期

速度是基於每個 Sprint 計算的，所以你的 Sprint 越短，你就可以越頻繁地更新團隊的速度。循序式軟體開發的整個生命週期迭代可能需要幾季或幾年，因此需要幾季或幾年來完全校準（calibrate）團隊的生產力；反之，短迭代週期（short iteration）能在短短幾個月內校準團隊的速度。

18.1.4 比較團隊的速度

每個團隊都會根據自己從事的特定工作類型建立自己的故事點數量表。此時，主管自然會想要比較團隊的績效。但不同團隊之間的工作差異太大了，無法進行有意義的跨團隊比較。團隊會因以下因素而異：

- 不同類型的工作（新專案 vs. 遺留專案、前端 vs. 後端、科學系統 vs. 商業系統等等）

- 不同的技術堆疊，或同一個技術堆疊的不同部分

- 不同的利害關係人會提供不同程度的支援

- 不同數量的團隊成員，包括在不同時間點新增和減少的團隊成員

- 對生產支援承擔不同的責任

- 培訓、假期規劃、發布計畫、不同地區的節日安排，以及其他因素，這些「例外」都會對團隊的平常速度造成不同影響

儘管所有團隊都在使用故事點數，但將一個團隊的速度與另一個團隊的速度進行比較是沒有意義的。就好像一支球隊在打棒球，另一支球隊在踢足球，還有一支球隊在打籃球。或是一個團隊正在打 NBA，而另一個團隊正在打夏季聯賽。比較棒球的得分（run）、足球的進球得分（goal）和籃球的得分（point）是沒有意義的。

那些嘗試使用「速度」來比較團隊績效的主管發現，這種做法是有害的。它使團隊相互競爭。團隊意識到這種比較是基於不可靠的資料，因此他們認為這樣的比較是不公平的。結果就是士氣低落和生產力下降——這與原先「比較團隊速度」所期望達到的目標是背道而馳的。

18.2 測量工作品質

除了測量工作量之外，我們也可以測量工作品質。而我們應該要測量工作品質，這樣團隊就不會只關注數量而忽視品質。

「重工百分比」（rework percentage，R%）是「重工的工作量」佔了「新開發工作量」的百分比。正如「第 11 章」所述，「重工」是一個實用指標，透過它，

我們可以了解軟體專案中是否出現效率低落或浪費等情況。「高 R%」可能代表團隊在實作故事之前沒有花費足夠的時間精煉故事、沒有足夠嚴格的完成定義、沒有遵守完成定義、沒有充分測試、正在累積技術債，或是其他問題。

在循序式專案中，重工往往會在專案結束時累積（非計畫中的），因此非常明顯。在敏捷團隊中，重工往往是漸進式的，因此不太明顯。但它仍然存在，所以監控敏捷團隊的 R% 還是很有用的。

故事點數的使用為測量「重工」提供了基礎。故事可以被歸類為「新工作」或是「重工」。R% 的計算方法是「重工的故事點數數量」除以「總工作的故事點數數量」。然後，團隊可以監控其 R% 是隨著時間增加還是減少。

團隊通常需要在重工方面保持一致共識。假設有一個團隊，他們正在處理遺留系統，那麼之前團隊所造成的重工問題，就應該被視為「新工作」。假設有一個團隊，他們正在修復自己之前造成的問題，那麼這項工作就應該被視為「重工」。

測量 R% 的另一種做法是制定一項政策，即根本不為「重工」分配故事點數。你將無法計算重工率，但如果團隊花費大量時間進行重工，你就會看到速度下降，因為花在重工上的時間並不會增加到團隊的故事點數統計中。

無論是哪一種做法，目的都是為了平衡「以數量為導向」的速度測量和「以品質為導向」的測量。

18.3 測量的一般注意事項

在使用敏捷專屬的測量時，敏捷團隊的領導者應該牢記「成功軟體測量」的幾個關鍵重點。

18.3.1 設定測量的期望

讓「你之所以測量的原因」以及「你打算如何使用這些測量」保持公開透明。軟體團隊擔心測量可能會被不公平或不正確地使用，而許多組織的追蹤記錄讓這一點成為了合理的擔憂。團隊必須明確知道，這些測量是為了支援每個團隊的自我改善——這將有助於測量的落實採用。

18.3.2 測量什麼，就只完成什麼

如果你只測量一件事，人們自然會針對那件事進行優化，而你可能會遇到意想不到的後果。如果你只測量速度，團隊就會為了提升速度，而企圖減少回顧、跳過 Daily Scrum、放寬他們的完成定義，甚至是增加技術債。

團隊在進行優化時，請確保他們擁有的是一組平衡的測量集合，其中包括品質和客戶滿意度。如此一來，團隊就不會以犧牲「其他同樣重要或更重要的目標」為代價，只為了優化速度。

同樣的，請測量「最重要的東西」，而不僅僅是「最容易測量的東西」，這一點非常重要。如果你可以讓一個團隊只交付一半的故事點數，卻得到兩倍的業務價值，這將是一個簡單的選擇，不是嗎？因此，請確保「測量故事點數」這件事不會在無意中破壞你的團隊對「交付業務價值」的關注。

18.4 其他注意事項

18.4.1 謹慎使用工具中的資料

企業投資在工具上，而技術人員輸入缺陷資料、時間統計資料和故事點數資料。企業此時自然會認為這些工具收集的資料是有效的。但根據經驗，實際情況通常並非如此。

我們曾與一家公司合作，該公司確信它擁有準確的時間統計資料，因為它多年來一直要求員工輸入他們自己的工作時間。當我們查看資料時，我們卻發現許多異常情況。有兩個專案，它們本應擁有類似的工作量，但為它們輸入的小時數卻有所不同，相差了 100 倍之多。我們發現，員工不明白為什麼要收集資料，並將其視為一種官僚作風。有一位員工編寫了一個腳本來輸入時間統計資料，這個腳本甚至被廣泛地使用了——沒有做任何的修改，所以每個人都輸入了相同的資料！其他員工則根本沒有輸入時間統計資料。這樣的資料毫無意義。

建議的領導行動

≫ 檢查

- 檢視你的團隊對「測量」的態度。你的團隊是否了解，「測量」能支持他們做出最終將改善他們工作生活品質的改變？

- 檢查團隊的故事大小和迭代長度。為了支持更準確的生產力測量，故事規模是否夠小？迭代是否夠短？

- 你使用什麼來測量品質？它們是否充分平衡了你正在使用的「以數量為導向」的測量？換句話說，你的測量集合是否涵蓋了「對業務來說非常重要的」所有東西？

- 審視你的組織正在使用的「從工具收集而來的資料」。調查這些資料所代表的意義是否與你認知的一樣。

≫ 調整

- 與你的團隊溝通：測量的目的是為了支持他們的工作。

- 請鼓勵團隊開始使用故事點數和速度（如果他們尚未使用的話）。

- 請鼓勵團隊開始使用「以品質為導向」的測量，例如 R%（如果他們尚未使用的話）。

- 停止使用無意義或誤導性的測量，包括「來自工具的無效資料」和「無效的跨團隊比較」。

- 如果需要，請讓你的公司了解「比較不同團隊速度」的危害。

其他資源

- Belbute, John. 2019. *Continuous Improvement in the Age of Agile Development*.

  這本實用的書籍詳細討論了軟體團隊測量和流程改善方面的問題，主要關注品質問題。

第 19 章

更有效的敏捷流程改善

你如何用一句話來總結「有效的敏捷」改善「流程」的做法呢？我的回答是「修復系統，而不是個人」。我之前說過「寬容對待錯誤」，這是很重要的。但「寬容對待錯誤」並不表示要忽視它們——而是以一種開放、尊重、協作的方式共生，了解導致錯誤的因素並改變它們，讓錯誤不再發生。

敏捷實作中有一個很常見的錯誤，那就是「工作得越快越好」——但這卻阻礙了真正變得更好。更有效的敏捷實作專注於透過「變得更好」來「變得更快」。

19.1 Scrum 作為流程改善的基準線

如果我們回到軟體能力成熟度模型（Software Capability Maturity Model，SW-CMM）的時代，第 2 級（Level 2）是一個「可重複」的流程。由此建立了一條基準線（baseline），它支持 SW-CMM 更高等級中的「可測量的改善」。循規蹈矩（high-fidelity）的 Scrum 實作也在為同樣的目標努力。Scrum 團隊有一個永遠遵循的基準流程，團隊能以此為基準線，從那裡開始改善。

19.2 提高生產力

提高生產力的渴望無處不在。但你怎麼知道你的團隊正在進步？你又該如何測量生產力呢？

雖然我們幾乎不可能使用「絕對尺度」（absolute scale）測量軟體生產力，但「故事點數」和「速度」仍為我們提供了一種使用「相對尺度」（relative scale）測量「生產力改善」的方法，並為大幅提高生產力奠定了基礎。

比較一個團隊本身隨著時間的改進，這就是故事點數在「生產力測量」方面最主要、最有效的用法。如果一個團隊在前 5 個 Sprint 中平均取得 50 個故事點數，而在後 5 個 Sprint 中平均取得 55 個故事點數，這說明團隊的生產力有所提高。

19.2.1　提高團隊生產力

提高生產力的第一步是使用「速度」建立一個可測量的、可信賴的生產力基準線，如「第 18 章」所述。

一旦你建立了一條速度基準線，你就可以做出改變，並將團隊「接下來的幾個 Sprint 的速度」與「基準速度」進行比較。經過幾次 Sprint 後，你將深入了解到，所做的改變是提高了生產力，還是降低了生產力。

以下是一些流程改善的範例，你可以使用隨時間變化的速度來測量它們的影響：

- 你引入了一種新的協作工具

- 你更改了部分技術堆疊

- 你把產品負責人從「總部」調到位於「分部」的分散式團隊中

- 在實作工作開始之前，你強化了「就緒定義」，並花更多時間精煉故事

- 你把 Sprint 節奏從 3 週更改為 2 週

- 你把團隊從辦公室隔間轉移到開放式工作區

- 你在發布過程中新增了一名團隊成員

當然，數字的變化不一定是明確的。一般來說，使用「生產力測量」時，最好採取這樣的態度：「測量指出了你要問的問題，並建議你去看看，但它們不一定會給你答案。」

19.2.2　提高團隊生產力會帶來什麼影響？

「簡短的 Sprint」提供了更頻繁的機會來實驗流程的改善、追蹤改進的結果，並在成功改善的基礎上進行建置。使用這種方法可以迅速累積改進成果。我們看到，某些團隊的生產力翻了一倍甚至更高。

這也可能會帶來一些無法預見的情況與不樂見的後果。我們看到，許多團隊因為表現不佳，而想要投票選出團隊的「問題成員」並請他離開。在每一個案例中，故事都是相似的。經理提問：『如果我們讓那個人走，你們可以承諾，你們會保持速度不變嗎？』團隊回應：『不，我們將致力於提升我們的速度，因為那個人正在扯我們的後腿。』

在另一個例子中，我們與一家數位內容公司合作，它在兩個站點都有團隊。第一個站點有一個 15 人的團隊，第二個站點有一個 45 人的團隊。透過嚴格追蹤速度、監控 WIP（work in progress，在製品）以及分析等待狀態（wait state），第一個站點的團隊得出以下結論：他們花費了更多時間與精力來與第二個站點協調，所耗費的成本甚至比「第二個站點的工作產出」還要多。於是第二個站點被重新指派了一個不同的專案。原本的專案則由第一個站點的 15人團隊負責，而在這樣情況下，「整體產出」卻顯著提升了。透過嚴格地使用敏捷生產力測量，他們有效地將生產力提高了 4 倍。

19.2.3　組織對生產力的影響

Scrum 專家總是重複這個口頭禪：『Scrum 不能解決你的問題，但它會指出所有的問題和錯誤，這樣你就可以看到它們是什麼。』有時候，Scrum 會暴露團隊可以自己解決的問題，有時候，它會暴露需要由組織解決的問題。我們看到的組織問題包括：

- 難以招募到對的人才

- 員工流動率高

- 專業發展太少

- 經理培訓太少

- 不願替換有問題的團隊成員

- 不願意遵循 Scrum 的規則，例如「Sprint 期間不進行變更」

- 無法安排特定角色（Scrum Master、產品負責人）

- 頻繁改變業務方向

- 依賴其他團隊，但這些團隊卻無法提供即時支援

- 過多跨專案的多任務處理，包括必要的產品支援

- 缺乏業務人員的支援；決策緩慢

- 管理階層（企業高層）決策緩慢

- 企業的官僚作風

- 團隊分散在眾多開發站點

- 對跨站點出差的支持不足

19.2.4 比較團隊之間的生產力

雖然大多數跨團隊的「速度比較」是沒有什麼意義的，但有一種類型的比較卻是有效的，那就是跨團隊的生產力提高率（rate of productivity increase）。如果大多數團隊每季的生產力都會提高 5% 到 10%，而有一個團隊每季都會提高 30%，那麼你可以查看該團隊的績效，看看它是否正在做「其他團隊可以學習的事情」。你仍然需要考慮團隊人力組成方面的變化，或其他非生產力的因素，它們也可能會影響團隊效率。

19.2.5 提高生產力的底線

軟體生產力測量是一個地雷話題。雖然測量並非完美，也非絕對可靠，但這並不等同於「測量一點用處也沒有」。只要小心使用，生產力測量可以協助團隊績效的快速提升。

19.3 嚴格繪製價值流程圖與監控 WIP

組織一旦超越了基礎的 Scrum，此時結合使用 Lean（精實）來支援「品質改善」和「提高生產力」，就是一種非常有用的做法。Kanban（看板）是一種 Lean 技術，它最常被用來實作 Lean 所要求的視覺化「工作流程」與繪製「價值流程圖」（Value Stream Mapping，VSM）。

Kanban 強調檢查 WIP（在製品），它會先定義目前系統中存在多少個 WIP，然後逐漸對 WIP 施加限制（limit），藉此暴露那些限制了產出量的延遲。

Kanban 系統通常使用實體的看板，如下圖所示：

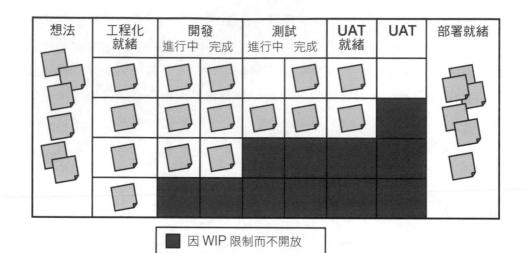

想法	工程化 就緒	開發		測試		UAT 就緒	UAT	部署就緒
		進行中	完成	進行中	完成			

因 WIP 限制而不開放

Kanban 在日語中是招牌或告示牌的意思。看板上的工作項目會被記錄在便利貼上；這些又被稱作「看板卡」（Kanban Card）。工作項目從左到右移動，在看板上有空間允許的情況下，工作會從右側拉動（pull），而不是從左側推動（push）。在上圖展示的看板中，工作項目可以被拉入 **UAT** 或**測試**，但沒有開放的空間可以將工作拉動到其他狀態。（UAT 是 User Acceptance Testing 的縮寫，即使用者驗收測試。）

在 Lean 的術語中，工作總是屬於以下 3 種類型之一：

- 有價值（Value）──能夠立即增加具體價值且客戶也願意買單的工作。

- 必要的浪費（Necessary waste）──本身不會增加價值的工作，但它是增加價值所必需的支援性工作，例如測試、購買軟體憑證等等。

- 不必要的浪費（Unnecessary waste）──不會增加價值的工作、會損害產出量的工作，而且是可以移除的工作。

限制 WIP 的作用是暴露等待時間（waiting time），這是軟體專案中「浪費」的一大來源。等待時間的例子包括：

- 程式碼已經通過單元測試、整合測試，並且已經簽入。必須等待手動驗收測試完成，才可以部署功能。

- 獨立測試組織偵測到一些 bug。必須等待開發人員修復這些 bug，才可以部署軟體。

- 必須等待程式碼審查，才可以「完成」在 Sprint 中的故事。

- 必須等待地點 A 的團隊簽入程式碼，然後地點 B 的團隊才能繼續工作。

- 在開發團隊開始實作故事之前，必須等待產品負責人精煉故事。

- 等待企業高層（決策者）做出決策，確定團隊將採取哪一種方案。

無論如何，軟體專案的等待時間會延遲「功能」的發布，因此它始終是一種浪費。

當團隊第一次繪製他們的工作流程時，他們通常會發現，他們有太多的 WIP ——通常是過多的 WIP ！

嚴格關注 WIP 將強調這一點：「提高產出量」與「最大限度地利用員工」之間往往很少有關聯。讓每個員工永遠處於忙碌狀態，這樣的期望往往會產生 WIP，這會造成瓶頸（bottleneck），進而降低產出量。關注 WIP 能夠有效地協助組織，從最大化「忙碌」轉變為最大化「產出量」。

Kanban 和 Lean 的詳細討論超出了本書的範圍。本章最後會有一些建議的延伸閱讀。

19.4 敏捷回顧

回顧會議是考慮新改善以及評估先前改善的主要時間。在 Scrum 專案中，Sprint 回顧會在 Sprint 結束時舉行，也就是在 Sprint 審查會議之後、在下一個 Sprint 計畫會議開始之前。

回顧的目的是檢查 Sprint 的進展情況，產生改進想法，評估之前回顧中已經實作的改進想法，並制定下一個 Sprint 中實作改進的計畫。Scrum Master 會主持會議，讓整個 Scrum 團隊都參與其中。

一般來說，回顧會議會遵循以下流程：

1. **開場（set the stage）**：鼓勵團隊接受改善的心態。提醒大家集中精力修復系統。有家公司，他們在每次回顧會議中總會用一個笑話當作幽默的開場白，這奠定了「寬容對待錯誤」和「心理安全感」的基調。

2. **收集資料（gather input）**：建立一個共享的資訊池。

3. **產生洞見（generate insights）**：尋找（問題或想法的）模式。尋找根本原因。檢視大局。

4. **決定行動事項（decide what to do）**：確定團隊要進行的實驗。制定行動計畫。

5. **結束回顧會議（close the retrospective）**：最後，檢視這次回顧會議，團隊可以嘗試改善的是什麼？

回顧的重點可以放在「下一個 Sprint 能夠提升效能」的任何領域，包括：

- 流程和實踐
- 溝通
- 環境

- 工作產品

- 工具

回顧會議是有時間限制的。一個為期 2 週的 Sprint，回顧會議的長度通常是 75 分鐘。

對於是否應該允許「外部參與者」觀察或參與回顧會議，每個團隊的觀點各不相同。管理階層總是可以審查回顧會議所提出的改進計畫，但我相信，在回顧會議本身「做到最大程度的坦誠」比「允許外部觀察者」更有價值。

19.4.1　留出時間讓改變成真

目前的 Scrum 實踐是，確保每次回顧會議都會產生一個可以在「下一個 Sprint」中進行的改進。我們將在未來的回顧會議中檢討這個改進的影響，並決定要保留它或終止它。改進也可以進入產品待辦清單，並被安排到未來的 Sprint 中作為可交付成果。

希望團隊永遠不要滿足於現狀，這樣的期待是合理的。但是，我認為這種做法有點太操之過急了。改進的同時，也應該要測量每項改進所帶來的影響，這兩者之間需要相互平衡。太快引入過多的改進，會對「速度」造成難以觀察的影響。

請留出時間，讓環境在某項改進上穩定下來，以便你了解每項改進的影響。改進有時候會在提高生產力之前先導致生產力下降，因此請允許這種狀況。

19.4.2　在回顧會議中檢視故事點數的分配

故事點數在分配之後就不會更改了，但我們可以在回顧會議期間檢視它們。如果團隊同意，某個故事的「真正大小」在其「估算大小」的一個費氏數字之內

（例如，故事最初被分配為 3，但結果更像是 5），那麼這次分配就是很好的。如果分配的偏差超過一個費氏數字，那麼它就是一次「未命中」（miss）。最後，請追蹤有多少個故事是「未命中」的。

未命中的數量可以作為一個參考指標，評估團隊在指派故事點數之前，是否對待辦清單進行了足夠的精煉、是否對故事進行了充分的分解、是否在 Sprint 計畫期間對故事進行了徹底的討論等等。

19.5 不要玩弄測量

當你努力改善流程時，請確保這些改善是真實的，而不僅僅是改變「被測量的工作」或是改變「團隊的人力組成」所帶來的假象。

針對哪些工作需要分配怎樣的故事點數，不同的團隊會採取不同的做法（這也是為什麼「跨團隊比較」如此具有挑戰性，而「跨組織比較」沒有多大意義的眾多原因之一）。有些團隊會將故事點數分配給缺陷修復工作，有些則沒有。有些團隊會將故事點數分配給探針（spike），有些則沒有。根據我的經驗，其中一些形式比其他形式效果更好，但永遠不會奏效的做法是：改變「工作的類型」來美化「測量的結果」，而不是真正地做好流程改善。

如果你發現一個團隊正在玩弄（gaming）測量，那就把它當作是一次「寬容對待錯誤」的機會。從系統的觀點來檢視這種行為，並修復導致這個問題的系統。根據「自主、專精和目的」的「專精」部分，團隊通常會希望改進。如果你發現一個團隊正在玩弄（虛應）測量，而不是使用測量來進行改善，請調查一下，是什麼破壞了團隊想要改善的本能？是進度壓力過大嗎？還是反思和調整的時間不夠？或是缺乏權限，無法實現那些可以改善流程的變化？這是一個很好的機會，回顧你作為領導者的表現，並評估對你的團隊產生的影響。

19.6 檢查和調整

除了正式的回顧之外，我們也應該在敏捷專案中從頭到尾應用「檢查和調整」（Inspect and Adapt）的心態。Scrum 為「檢查和調整」的發生提供了幾個結構化的機會：

- Sprint 計畫
- Sprint 審查
- Sprint 回顧
- 發現一個「在過去的 Sprint 中出現，卻沒有馬上被發現」的缺陷時

有效使用「檢查和調整」要有點「不安於現狀」（impatience）。那些對問題總是很有耐心的團隊，最終會導致長時間沒有進步。那些堅持對問題採取行動的團隊，則能夠以驚人的速度取得進步。

有效使用「檢查和調整」也可以從一些結構性工作和透明度中受益。我們成功地幫助過許多團隊，把「他們提議的流程改善」放入他們的產品待辦清單之中，並與其他工作一起參與優先順序的安排和計畫。這有助於避免像這樣的失敗模式：回顧會議只是不斷地回顧改進事項（不斷地寫下改進事項），卻沒有真正實作改善。這也有助於避免像這樣的問題：一次性進行太多改善，導致效果難以估計。

19.7 其他注意事項

19.7.1 測量個人生產力

許多領域都在試圖測量個人生產力，包括醫學領域、教育領域和軟體領域。在所有情況下，都沒有一個測量個人生產力的有效方法：最優秀的醫生可能收治

了極具挑戰性的患者，即便他們是最好的醫生，他們的治癒率還是有可能低於其他醫生；最優秀的老師可能在最困難的學校裡工作，即便他們是優秀的老師，學生的考試成績還是有可能低於平均分數；最傑出的軟體開發人員可能接受了最複雜的任務，在這種情況下，他們表現出來的生產力將低於普通的開發人員。

許多因素都會影響每個人的產出，例如：技術任務的分配、跨多個專案的多任務處理、與其他團隊成員的人際關係、利害關係人對專案的支持程度，以及指導其他員工的時間等等。在研究的環境之外，現實的軟體專案當中包含了太多的混淆變數（confounding variable），以至於無法對「個人」進行有意義的生產力測量。

敏捷的重點是團隊，而不是個人。團隊層面的測量在文化上與敏捷更加一致，而且它們也更加有效。

建議的領導行動

≫ 檢查

- 調查團隊的 Scrum 實踐是否足夠一致，能夠形成「測量」得以依賴的基準線。

- 在 Sprint 審查、回顧和計畫中檢視團隊的表現。他們有沒有好好利用這些機會進行「檢查和調整」？

- 作為領導者，你在「支持團隊改進」這方面做得如何？尤其是在平衡「短期交付需求」與「長期改進目標」時？

- 請繪製你的工作流程並尋找延遲之處。評估你在交付過程中由於「不必要的延遲」所造成的浪費。

> **》》調整**
>
> - 使用故事點數開始測量「流程改善」的效果。
>
> - 鼓勵你的團隊在 Scrum 相關的活動中持續使用「檢查和調整」。
>
> - 主動與你的團隊溝通,說明回顧很重要,而且你會支持團隊在下一個 Sprint 中根據「回顧會議中的發現」立即做出改變。
>
> - 使用 Kanban 視覺化你的團隊工作,並尋找延遲之處。

其他資源

- Derby, Esther and Diana Larsen. 2006. *Agile Retrospectives: Making Good Teams Great.*

  這是一本關於「敏捷回顧會議」的好書。(編註:博碩文化出版繁體中文版《*Agile Retrospectives* 中文版:這樣打造敏捷回顧會議,讓團隊從優秀邁向卓越》。)

- Hammarberg, Marcus and Joakim Sundén. 2014. *Kanban in Action.*

  這是一本介紹「軟體環境中的 Kanban」的好書。(編註:博碩文化出版繁體中文版《看板實戰:用一張便利貼訓練出 *100* 分高效率工作團隊》。)

- Poppendieck, Mary and Tom. 2006. *Implementing Lean Software Development.*

  這是另一本介紹「以軟體為中心的 Lean ／ Kanban」的好書。

- Oosterwal, Dantar P. 2010. *The Lean Machine: How Harley-Davidson Drove Top-Line Growth and Profitability with Revolutionary Lean Product Development.*

  本書提供了一個案例研究，描寫 Harley-Davidson 公司如何應用 Lean 來扭轉他們的產品開發思維。

- McConnell, Steve. 2011. What does 10x mean? "Measuring Variations in Programmer Productivity"

  在「Making Software: What Really Works, and Why We Believe It」這一章中，描述了開發人員「個人生產力」的差異，並詳細描繪了在商業環境中測量「個人生產力」時會遇到的挑戰。

- McConnell, Steve. 2016. "Measuring Software Development Productivity" [online webinar].

  這個網路研討會提供了更多有關測量「團隊生產力」的細節。

第 20 章

更有效的敏捷預測

幾十年前，Tom Gilb 提出了一個問題：『你想要預測，還是想要控制？』（Gilb, 1988）。敏捷在沒有大張旗鼓的情況下，低調地發揮它的影響，企業對這個問題的回答也慢慢出現了變化。循序式開發傾向於定義一個固定的特性集（feature set），然後估算一個時間表——它的重點是「預測」（predict）進度。敏捷開發傾向於定義一個固定的時間表，然後再定義可以在該時間範圍內交付的「最有價值的功能」——它的重點是「控制」（control）特性集。

大多數敏捷文獻所關注的軟體開發，都是那些更重視「即時性」而非「可預測性」的市場，例如：消費者導向的行動裝置應用程式、遊戲、SaaS 應用程式、Spotify、Netflix、Etsy 等等。但是，如果你的客戶仍然需要「可預測性」，你該怎麼做？如果你的組織需要交付一個特定的特性集，並且仍然需要知道交付該特性集「需要多長時間」的話，你該怎麼辦？或者，如果你只是想了解大約能在多長時間內交付多少功能，以便幫助優化「功能」和「進度」的安排，這時，你又該怎麼做呢？

敏捷最常強調特性集的控制，但如果選擇了適當的實踐，敏捷實踐也能為「可預測性」提供極好的支援。

20.1 發布週期不同時間點的可預測性

敏捷專屬的估算實踐（estimation practices）在專案初期是無用武之地的。在專案初期、在尚未填寫產品待辦清單之前，估算實踐都會是相同的，無論專案最後是以循序式方式執行，還是以敏捷方式執行（McConnell, 2006）。直到團隊開始進入 Sprint 中工作之後，敏捷和循序式之間的區別才會變得明顯。

圖 20-1 顯示「敏捷專屬的估算實踐」在專案中開始發揮效用的時間點，用軟體的「不確定性錐體」（Cone of Uncertainty）表示。

這種模式有一個例外。也就是說，如果你不僅想要可預測性，還想要可控制性的話，那麼敏捷實踐需要在更早一點的時間點發揮作用。

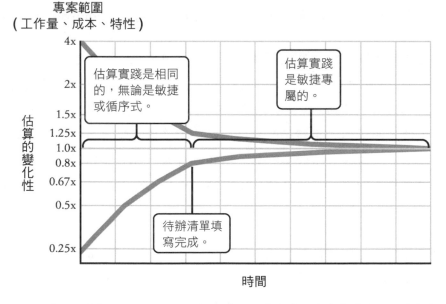

圖 20-1：使用「不確定性錐體」表示的估算實踐。在待辦清單填寫完成後，敏捷專屬的實踐會開始發揮作用。改編自（McConnell, 2006）。

20.2 可預測性的種類

下面先簡單介紹和描述幾種可預測性的方法，然後在接下來的小節中，我們會進行更詳細的討論。

1：嚴格的成本預測和進度預測

有時候，你會需要預測「一個精確的特性集」的成本和進度。也許你正在一個新平台上複製（replicate）一組精確的功能；也許你正在為已經建置好的硬體設備開發一組特定的功能；也許你正在非敏捷的合約之下開發軟體。所有這些情境都是對「可預測性」有需求，並淡化對特性集的「控制」。它們雖然不是最常見的情況，但它們可能會不時地出現。

2：嚴格的特性預測

有時候，你會需要預測在「固定日期」和「固定預算」下可以交付的一組精確的特性。這是第一個情境的變化形式，而支持它的預測實踐是相似的。

3：寬鬆的預測

有時候，你會需要預測「功能」、「成本」和「進度」大致組合的可行性。沒有一個參數是嚴格固定的，每個都有一點靈活性。在預算編列期間往往需要這種可預測性，特別是當你嘗試評估「開發一個粗略定義了功能的業務案例（business case）」是否可行時。在專案中追蹤進度時，我們也經常需要寬鬆的可預測性。我們可以使用一個將「預測」與「控制」結合起來的迭代過程，來達成粗略的預測。

接下來，第20.2.1小節與第20.2.2小節會描述實現「嚴格的預測」所需的條件。即使不需要「嚴格的預測」，你還是應該留意一下，實現「嚴格的預測」所涉

及的注意事項，與最後第 20.2.3 小節所描述的實現「寬鬆的預測」也是息息相關的。

20.2.1 嚴格的成本預測和進度預測

如果你需要使用一個精確、固定的特性集來預測成本和進度，那麼在定義了精確的特性集之後，可預測性就會發揮作用——這通常是發布週期（release cycle）發展到 10% 到 30% 的時候。

下面這些關鍵敏捷實踐將支持嚴格的可預測性：

- 故事點分配

- 速度計算

- 小故事

- 事前填寫、估算和精煉產品待辦清單

- 短迭代週期

- 發布燃盡圖

- 考慮速度的可變性（variability）

如果你不需要嚴格的成本預測和進度預測，你可以跳到第 20.2.2 小節閱讀。但是，後續的章節也會參考一些本節中的概念，所以在跳過本節之前，至少先略讀一下標題。

1：支持可預測性的實踐——故事點分配

對「工作量」的直接估算，很容易受到「偏見」和「主觀」的雙重影響（McConnell, 2006）。「偏見」（bias，偏差值）指的是在期望的方向上有意地（intentional）調整估算；「主觀性」（subjectivity，主體性）指的是由

於一廂情願或估算技能不足而無意地（unintentional）調整估算。軟體開發的歷史顯示，估算幾乎總是樂觀的，導致個人和團隊出現系統性的低估趨勢。

故事點數之所以有用，部分原因是它們不受偏見（偏差值）的影響。團隊不是直接估算工作量，而是使用故事點數來為工作項目分配相對的大小。人們在分配故事點數時，他們的腦海中通常會出現一個轉換因子（conversion factor），自動將「小時數」轉換為「故事點數」，但由於故事點數的使用方式，這些轉換因子中的錯誤並不會破壞估算。故事點數被用來計算速度，這是根據實際表現憑經驗計算的。一個團隊可能會樂觀地認為：「我們可以在這個 Sprint 中完成 100 個故事點數。」當 Sprint 結束時，他們完成了 50 個故事點數而不是 100 個，他們的速度是 50，而不是 100，然後這個數字會被用於未來的計畫。

2：支持可預測性的實踐　　速度計算

速度最常見的用途是用於 Sprint 計畫，一次一個 Sprint。速度另一個同樣有價值的用途是支持可預測性。如果一個團隊一直以穩定步調工作，並在過去 3 個 Sprint 中完成了 50 個故事點數（平均速度為 50），那麼團隊就可以使用這個平均速度來預測何時交付全部功能。

假設你的公司計畫在 12 個月後發布一個包含 1,200 個故事點數的版本。12 個月的計畫允許安排 26 個雙週的 Sprint。團隊工作了 8 週（4 個 Sprint）之後，發現每個 Sprint 的平均速度為 50 個故事點數。這個時候，預測團隊將需要 1,200/50 = 24 個 Sprint 來完成計畫的工作，是很合理的。團隊很有可能在計畫的一年時間內交付這個特性集。

使用速度來做預測，有一些注意事項和特殊前提。用於校準團隊速度的那些故事，需要 100% 完成——它們必須完全符合嚴格的「完成定義」（DoD）。此外，團隊不能累積需要在發布週期後期償還的技術債，因為這會拖累團隊在後

期 Sprint 中的速度。速度的預測還需要考慮節日和假期的時間表。計畫需要考慮 DoD 後仍然需要進行的任何工作，例如使用者驗收測試、系統測試等等。速度還必須考慮團隊表現出的、Sprint 到 Sprint 之間的可變性（稍後會詳細介紹）。但與傳統的循序式專案估算相比，團隊能夠在發布週期的初期就基於「經驗」校準他們的生產力，並使用這個校準速度來預測一個完成日期，這無疑是非常強大的能力。

3：支持可預測性的實踐——小故事

正如「第 18 章」所述，保持小故事有助於測量敏捷專案的進度。

4：支持可預測性的實踐——事前填寫、估算和精煉產品待辦清單

一個想要嚴格可預測性的團隊，需要使用他們整個發布的「所有故事」，來預先填寫產品待辦清單——也就是說，採用「更循序式的做法」來填寫待辦清單。

他們不需要像在完整的循序式方法中那樣詳細地精煉故事。他們只需要對它們進行足夠的精煉，以便能夠為「每個待辦清單項目」分配故事點數即可，這又比典型敏捷方法中的預先精煉做得還要多。然後，他們為「每個待辦清單項目」分配實際的故事點數，這被稱為「為整個待辦清單估算故事點數」。

在專案初期，我們很難將每一個故事精緻化到極致，只為了支持在 1 到 13 這個尺度範圍進行有意義的故事點數分配。在本章後面，我將提供如何解決這個問題的一些建議。

5：支持可預測性的實踐——短迭代週期

如「第 18 章」所述，迭代越短，就能越快取得可用來預測團隊進度的生產力資料。

6：支持可預測性的實踐──發布燃盡圖

在正常的工作流程中，團隊很自然地就可以監控「實際的進度」與「初始的預測」之間的差距。團隊使用「發布燃盡圖」來追蹤每個 Sprint 完成的故事點數。如果團隊的速度開始發生變化，不再是最初的平均速度（即 50 個故事點數），那麼團隊可以通知利害關係人，並相應地調整計畫。

7：支持可預測性的實踐──考慮速度的可變性

任何團隊的速度在 Sprint 到 Sprint 之間都會出現變化。平均每個 Sprint 可完成 50 個故事點數的團隊，實際上在各個 Sprint 可能已經分別完成了 42、51、53 和 54 個故事點數。這表示使用「團隊速度」來預測「長期結果」會包含一些可變性（variability）或風險（risk）。

這個完成了 4 個 Sprint 的團隊（Sprint 速度如上所述），他們的平均速度是 50，樣本標準差（sample standard deviation）為 5.5 個故事點數。你可以根據「已完成的 Sprint 數量」計算一個「信賴區間」，以此估算團隊最終的、整個專案速度的風險。隨著團隊完成更多 Sprint 並取得更多經驗，你可以更新此信賴區間。

圖 20-2 展示了一個範例：如何使用「初始速度」（initial velocity）和「信賴區間」（confidence interval），來說明團隊可能的「最低速度」和「最高速度」。

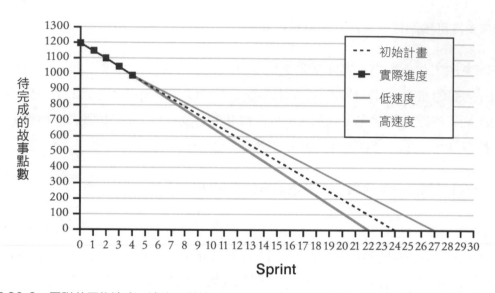

圖 20-2：團隊的平均速度、速度可變性以及信賴區間的數學計算，能被用來計算專案產出的變化。

如圖所示，基於 90% 的信賴區間[6]，這個團隊總共需要 22 到 27 個 Sprint 才能完成 1,200 個故事點數，大約就是 24 個 Sprint 的工作（名目值（nominal））。這個團隊已經證明，由於他們速度的可變性較低，這會產生一個範圍較窄的可能結果（換句話說，對交付進度的影響相對穩定）。在最壞的情況下，存在著超時（overrun）一週的風險，但團隊極有可能在計畫的一年時間內完成工作。

---

[6] 「信賴區間」是一種特定（且複雜）的統計計算。我們使用它來計算，你認為「觀察到的平均值」（observed mean，即平均（average））接近「實際平均值」（actual mean）的信心程度。在此範例中，90% 的信賴區間表示「你有 90% 的把握」認為速度的「實際平均值」將介於 44 到 56 之間，這代表實際需要的 Sprint 數量在 22 到 27 之間（包含已完成的 4 個 Sprint）。有些團隊會使用「標準差」（standard deviation）來計算可能的結果，但這在數學上是不正確的。「標準差」提供的是「單一 Sprint 速度落在某個範圍內」的預測。「信賴區間」則是一個更適當的技術，它計算「完成一組 Sprint」的可能平均速度範圍。

由於信賴區間的計算方式，團隊完成的 Sprint 越多，（最終需要的 Sprint 數量）範圍就越窄，可預測性就越好。如果團隊接下來的 4 個 Sprint 顯示出與前 4 個 Sprint 相同的可變性，那麼 90% 的信賴區間會將範圍縮小到「23 到 26 個 Sprint」來完成工作。

計算團隊速度這件事，從來就不是一個純粹的可預測性練習。因為其中一個目標是幫助團隊達到速度的穩定性。隨著團隊努力改進他們的實踐，速度的可變性應該會下降，預測的準確性應該要提升。

20.2.2 嚴格的特性預測

如果你有固定的成本和進度，而且需要針對「這個固定的成本和進度」準確預測可以交付哪些特性，那麼方法與上一節所描述的類似。以下是嚴格的特性預測方法所需的關鍵敏捷實踐。

1：產品待辦清單的建立

待辦清單必須完全填滿，就像「嚴格預測成本和進度」所使用的方法一樣。如果團隊定義和精煉的故事點數相加起來，其數量超出了「團隊有時間處理的故事點數」，那麼有一些定義和精煉工作就被浪費掉了。團隊越能針對優先順序「從高到低」填滿待辦清單，浪費就會越少。

2：速度的計算，用於預測功能數量

速度的使用方式與它們在「嚴格預測成本和進度」的使用方式類似。但是，速度並非用來預測結束日期，而是用來預測「可以交付的功能數量」（即故事點數的數量）。可變性會轉移到特性集上，而不是在進度表上。

使用與之前相同的範例（使用一年的進度計畫），你可以應用「信賴區間」來預測可以在「固定數量的 Sprint」內完成的故事點數，而不是預測交付「固定數量的故事點數」所需的 Sprint 數量。

根據最初 4 個 Sprint 之後的 90% 的信賴區間，團隊在總共 26 個 Sprint 之後，應該交付總共 1,158 到 1,442 個故事點數，而且團隊極有可能達成 1,200 個總點數的目標。

20.2.3　寬鬆的預測

我們迄今為止的討論都是基於純粹的可預測性方法。在專案的某個時間點，公司會有這樣的期望：預測一個最終交付的成本、進度和功能的精確組合，而無需對其中任何一項因素做出過多的變更（取捨）。這種程度的預測需求在某些產業中很常見，而在其他產業中則是偶爾出現。

根據我的經驗，我更常見到的需求是「更寬鬆的預測」，允許對成本、進度、功能或以上三者進行持續的管理和控制。正如我之前所寫的，很多時候估算的目的並不是為了做出精確的預測，而是大致了解「某種類型的工作」是否可以在「某段時間」內完成（McConnell, 2000）。這並不是真正的「預測」，因為你預測的那個實體（entity）會不斷變化。它實際上是「預測」與「控制」的結合。不管它的特點是什麼，它都可以滿足公司對「可預測性」的需求，而且可以成為實作軟體專案的有效方式。敏捷實踐為這種粗略的預測提供了很好的支援。

1：最高層級預算計畫期間的粗略預測

有些敏捷教練會建議使用較大的故事點數數值，例如 20、40、100，或是更大的費氏數字，例如 21、34、55 和 89，藉此進行更高層級的預算計畫（top-level budget planning），即使它們不會被用來進行詳細的估算。根據前面描述過的

原因，從嚴格預測的角度來看，使用這些大數字是無效的。但從更粗略、更實用主義的角度來看，使用這些大數字確實可以發揮一些效果。公司只需要在這些較大數字的意義上保持一致即可。

2：使用大數字作為風險的代表

你可以為史詩（或其他大型項目，如主題、特性等等）指派數值，並理解「每次使用較大的數字」都會增加一點點不可預測的風險。請檢視「詳細故事的故事點數」與「史詩的故事點數」的比值（ratio）。如果有 5% 的點數來自於史詩，那麼整體的可預測性就不會有太大的風險。但如果有 50% 的點數來自於史詩，那麼可預測性面臨的風險就越高。端看可預測性在你心中的重要程度，這可能是一個小問題，也可能是一個大問題。

3：在需要可預測性時，使用史詩作為預算

估算史詩與其他大型項目的另一種做法是使用數字估算，並把這些數字視為每個領域中詳細工作的預算。舉例來說，如果團隊使用費氏數列測量，且團隊將史詩估算為 55 個故事點數，那麼從那一刻起，你就把「這 55 個故事點數」視為「這個史詩」所允許的預算。

使用「將史詩作為詳細工作預算」（epic-as-detailed-budget）的方法，當你的團隊將史詩精煉為「更詳細的故事」時，就不會允許超過該史詩的 55 點預算。你的團隊需要為這些「更詳細的故事」排列優先順序，並在 55 點預算內，選擇那些能夠提供最高商業價值的故事。

這種方法在其他類型的工作中很常見。如果你要進行廚房改造，你會有改造的總預算，而你也會有櫥櫃、電器、吧檯、五金配件等等更詳細的預算。這個詳細預算的方法同樣適用於軟體團隊。它為組織提供了一種可預測性的感覺，這種感覺是透過「可預測性」和「控制」的結合來達成的。

團隊有時候會超出預算——在這個範例中，它無法在 55 點預算內交付預期的關鍵功能。這將迫使團隊與公司進行對話，商討工作的優先順序，以及是否值得擴大預算。這種對話是健康的，而故事點數的分配促進了這樣的對話。它可能無法提供與「嚴格的可預測性方法」相同的可預測性水準，但如果你更重視逐步的、增量的修正，而不是純粹的可預測性的話，那麼這也是可以接受的，甚至是更好的選擇。

4：為「核心特性集與附加特性的組合」預測一個交付日期

有些組織並不需要 100% 的特性集可預測性。他們需要確保他們可以在特定的時間範圍內交付一個核心特性集（core feature set），而在交付這個核心特性集之後，他們還可以視情況新增一些附加特性（additional features）。

舉例來說，如果範例中的那個團隊，它需要交付一個包含 1,000 個故事點數的核心特性集，那麼它可以預測，它將在大約 20 個 Sprint（40 週）之後完成這個核心特性集。這為一年剩下的時間留下大約 6 個 Sprint 或 300 個故事點數的產能（capacity）。組織可以就「核心特性」向客戶做出更長期的承諾，同時仍保留一些彈性（一些產能），用來提供「更即時的功能」。

20.3 可預測性與敏捷邊界

多數時候，大多數組織都可以使用本章描述的較粗略的做法，來滿足其業務目標。但有些組織對可預測性有更高的需求，需要更嚴格的方法。

有些敏捷純粹主義者會抱怨，將「產品待辦清單」精緻化（elaborate）到足以支持「故事粒度越細越好」所需的程度，這是「不敏捷」的。但我們的目標不僅僅是要變得敏捷（如果你確實關心本章的主題的話）。我們的目標是使用敏捷實踐和其他實踐來支持你的業務目標和戰略，而這包括可預測性，如果這正是公司所需要的東西的話。

如圖 20-3 所示，「第 2 章」所描述的「敏捷邊界」概念在這裡很有用。

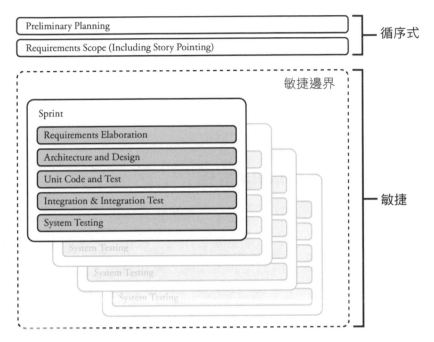

圖 20-3：敏捷邊界的概念有助於支持「長期的可預測性」，對於需要它的組織來說很有幫助。

為了嚴格的可預測性，有些早期的活動需要更加按照「循序式的方式」來進行，在此之後，專案的其餘部分就能夠按照「完全敏捷的方式」來進行。

20.4 可預測性與靈活性

本章的討論一直集中在對「長期的可預測性」有業務需求的組織上。敏捷實踐為這個目標提供了極好的支援。

企業需要「長期的可預測性」，這一事實並不表示它永遠不能改變計畫。在年初安排 1,200 個功能故事點數的企業，有時會決定在年中改變路線。這沒有什麼不妥。如果團隊正在使用敏捷實踐，它將能夠以一種有組織且有效率的方式

回應變化。是的,有些早期的需求精緻化工作將被丟棄,等同於浪費,但與「團隊使用循序式方法並預先精緻化每一個需求」相比,丟棄的工作已經很少了。此外,由於工作的迭代結構(iteration structure)較短,團隊將能夠更輕鬆地調整方向。

20.5 其他注意事項

20.5.1 可預測性與 Cynefin 框架

在發布週期的早期完整定義產品待辦清單,這件事取決於各位在 Cynefin 框架「繁雜領域」中的大部分工作。如果主要工作是「複雜」的,那麼在工作完成之前,是不可能完全且可靠地精緻化該工作的。還記得嗎,那些主要在「複雜領域」中執行的專案,它們主要焦點是進行「探索」(probe),以確定需要解決的問題的本質。

像 Barry Boehm 螺旋模型(Boehm, 1988)這樣的策略建議,應該調查具有大量「複雜問題」的專案,並將其轉換為「繁雜問題」,然後再投入到全面的工作之中。對於重視可預測性的組織來說,這可能是一個有用的方法。然而,並不是每個「複雜問題」都可以被轉換為「繁雜問題」,更不用說處理「複雜問題」時往往是無法預測的。如果你看到一個專案,它主要包含的是「複雜」元素,請先思考一下,為這個專案進行預測,這在理論上是否可行?

20.5.2 可預測性與敏捷文化

對於敏捷團隊來說,可預測性可能是一個敏感的話題。我們在敏捷導入中看過一種失敗模式,那就是即使公司已說明需要估算的種種合理根據,團隊還是拒絕提供估算。我們看到敏捷導入(Agile adoption)不止一次因為這個原因而中止。

我們還看到這樣的例子：敏捷純粹主義者建議團隊應避免提供估算，反之，團隊應指導整個組織變得更加敏捷，這樣就不需要估算了。除了「本末倒置」之外，這些例子也相當於開發團隊反過來指導公司，對商業策略（business strategy）下指導棋。

《敏捷宣言》中描述的原始價值之一是「與客戶協作」。如果你是客戶，而你的敏捷團隊一直堅持你需要重新定義「業務」本身，而不是提供你所要求的東西，那麼你可能需要建議團隊，重新關注「與客戶協作」（Customer Collaboration）這個敏捷價值。

建議的領導行動

》檢查

- 你的特定業務對靈活性與可預測性的需求是什麼？

- 你的業務是否需要嚴格（精確）的可預測性，還是寬鬆（粗略）的可預測性就足夠了？

- 你的團隊是否了解敏捷開發的目標是支持業務需求，而且有時業務需要可預測性？

- 請考慮「使用史詩作為預算」的做法。這種方法如何在你的團隊中發揮作用？

- 根據 Cynefin 框架評估你的專案組合（portfolio）中的每個專案。你的團隊是否被要求估算本質上是「複雜」的工作？

》調整

- 請與你的團隊討論公司對可預測性的需求。解釋為什麼它對你的業務來說很重要（如果它很重要的話）。

- 對於每個「複雜」專案，請評估該專案是否可以轉換為「繁雜」專案。
  對於那些仍然保留「複雜」元素的專案，請將你的注意力從「預測」
  轉移到「探索」。

- 要求你的團隊改進敏捷實踐的使用，包括使用史詩作為預算，藉此更
  好地支持你的公司對可預測性的需求。

其他資源

- McConnell, Steve. 2006. *Software Estimation: Demystifying the Black Art.*

  本書詳細討論了循序式專案和敏捷專案的軟體估算。本書也介紹了
  許多可用於專案初期的估算技巧（即在敏捷與循序式的區別發揮作
  用之前）。自本書 2006 年出版以來，其中有些關於「需求在估算中
  的作用」的討論，已被本書所描述的「漸進式的需求精煉方法」所
  取代。

第 21 章

受管制的產業中更有效的敏捷

早期敏捷不惜一切代價關注靈活性（flexibility，又譯彈性），給人的印象是：敏捷實踐並不適合生命科學、金融和政府等受管制的產業（regulated industry，又譯受政府管轄行業或受法規限制的產業）。對「不敏捷就回家」（go full Agile or go home）的關注強化了這樣一種印象，即敏捷實踐「不適合」那些看不到如何讓他們的客戶或整個產品開發週期完全變得敏捷的公司。

這是相當令人遺憾的事，因為很多軟體都是在公開法規的規範下開發的，包括 FDA、IEC 62304、ASPICE、ISO 26262、FedRAMP、FMCSA、SOX 和 GDPR。其他看似不受管制的軟體，可能仍然需要遵守隱私、可存取性和安全性的規範。

隨著敏捷漸趨成熟，事實證明，敏捷實踐在許多受管制的產業中可以像在其他任何地方一樣有用和合適。以不符合受管制產業標準的方式來實踐敏捷開發，當然是可能的，但以符合產業標準的方式來實踐敏捷開發，也同樣是可能的。

FDA 在 2012 年採用了 AAMI TIR45:2012（「在醫療器材軟體開發中使用敏捷實踐的指引」）作為公認的標準（standard）。我們的公司已經與許多「在 FDA 管制環境中的公司」以及「在其他受管制環境中的公司」合作了 10 多年，成功地採用了 Scrum 和其他敏捷實踐。本章的討論適用於所有受管制的產業，除了當中管制最嚴格的產業以外。尤其是 FAA/DO-178 法規比本章所描述的還要廣泛，因此當我在本章中提到「受管制環境」時，並不包括 FAA/DO-178。

21.1 敏捷如何支持受管制環境中的工作？

一般而言，受管制環境的軟體相關要求可歸納為：「記錄你計畫做的事情；做你說過要做的事情；用文件紀錄證明你做到了。」有些環境還會增加一個額外的要求：「提供廣泛的可追溯性（traceability），證明你在細節上做了這些事情。」

敏捷實踐並不會讓受管制產品（regulated product）的工作更困難或是更簡單。與敏捷實踐相關的「文件」（documentation）是更大的關注點。產出文件的「效率」可能是在受管制環境中調整敏捷實踐時最重要的考慮因素。

循序式實踐支持有效率地建立受管制產品的文件。敏捷對增量和即時實踐的強調，增加了必須建立或更新文件的次數。這不一定是個問題。許多主管告訴我，敏捷開發使文件化變得更容易了，因為文件是漸進式建立的，就像軟體一樣。然而，敏捷文化的某些方面也需要修改，例如對「傳統的口頭溝通」的關注以及「知識傳承的部落化」。

表 21-1 總結了（「第 2 章」提過的）敏捷重點如何影響受管制環境中的合規性（compliance）。

表 21-1：敏捷重點（**Agile Emphases**）如何在受管制環境中發揮作用。

敏捷重點	對受管制環境的影響
短發布週期	對合規性本身沒有影響，但每次發布的成本可能很高，這可能會影響組織如何選擇發布的頻率。
以小批次進行的端到端開發工作	對合規性本身沒有影響，但會影響文件的建立時間。

敏捷重點	對受管制環境的影響
高階的事前計畫以及即時的詳細計畫	計畫必須文件化,即使是即時計畫,此外,可追溯性也可能是必要的,具體取決於受管制的類型。
高階的事前需求以及即時的詳細需求	需求必須文件化,即使是即時需求;影響文件的建立時間。
浮現式設計	設計必須文件化,即使是即時設計;影響文件的建立時間。
持續的自動化測試,整合到開發團隊中	支持合規性。
頻繁的結構化協作	有些協作方式必須從傳統的口頭溝通轉換成文件化。
整體做法是經驗主義、反應靈敏、改進導向的	對合規性沒有影響。

在概念層面上,有些敏捷實踐為法規的意圖(管制的目的)提供了支持,即保證高品質的軟體:

- 完成定義(以滿足或超過法規要求的方式建立 DoD,包括與文件相關的需求)
- 就緒定義
- 軟體品質永遠保持在可發布的水準
- 測試開發要不是在「程式碼開發」之前,就是緊跟在「程式碼開發」之後
- 自動化回歸測試的使用
- 定期「檢查和調整」活動來提升產品和流程的品質

21.2 Scrum 如何支持受管制環境中的工作？

法規的更新可能相當緩慢。我前面描述的受管制環境需求，最初是在幾十年前建立的，當時軟體開發就像美國西部的化外之地。單一組織幾乎可以使用任何方法來開發軟體，但大多數方法都不能很好地運作。某種程度上來說，法規的目的正是為了避免混亂的、臨時的，或是效果未知的實踐。

美國聯邦法規通常不會要求特定的軟體開發方法或生命週期。他們只要求企業如前所述：選擇一種方法、定義它，並以文件記錄它。此外，有時他們會要求必須取得管制機構的許可。

敏捷實踐，尤其是 Scrum 本身已經高度正式化，並擁有廣泛的文獻紀錄（包括本書在內），這一點已能夠滿足美國聯邦法規的這項要求。如果一個團隊同意使用 Scrum，並按照規定使用「文件」記錄「團隊正在使用的 Scrum 實踐」，這將有助於說明「團隊正在使用一個已定義的流程」，藉此滿足「法規合規性」（regulatory compliance）的要求。

21.2.1 將 Scrum 映射到規定的流程文件中

不同的法規有不同的要求，本節將使用 IEC 62304 標準（「醫療器材軟體——軟體生命週期流程」）來進行說明。

IEC 62304 標準要求具有以下這些類別的活動和文件：

- 軟體開發計畫（Software Development Planning）
- 軟體需求分析（Software Requirements Analysis）
- 軟體架構設計（Software Architectural Design）
- 軟體細節設計（Software Detailed Design）

- 軟體單元實作和驗證（Software Unit Implementation & Verification）

- 軟體整合和整合測試（Software Integration & Integration Testing）

- 軟體系統測試（Software System Testing）

- 軟體發布（Software Release）

正如 AAMI TIR45 所建議的，這些活動可以被映射到敏捷生命週期模型，如下一頁的圖 21-1 所示。這種做法有效地將「受管制的敏捷專案」劃分為 4 層：

- **專案層（Project Layer）**：一個專案的全部活動。一個專案是由一個或多個發布所組成。

- **發布層（Release Layer）**：建立「可用的產品」所需的活動。一個發布是由一個或多個增量所組成。（某些受管制環境對發布提出了嚴格的要求——例如，要求能夠精確地重新建立在設備生命週期內發布過的任何軟體——這會讓發布變得很少。）

- **增量層（Increment Layer）**：建立「可用的功能」（但不一定是「可用的產品」）所需的活動。一個增量是由一個或多個故事所組成。

- **故事層（Story Layer）**：建立一個小型的、可能不完整的功能塊所需的活動。

在循序式方法中，每個活動主要會在一個單獨的階段內執行。使用敏捷方法時，大多數活動都會跨層分布。

在不受管制的環境中使用敏捷方法時，大多數活動都會被非正式地記錄下來。然而，在受管制的環境中使用敏捷方法時，活動要被更正式地記錄下來才行。

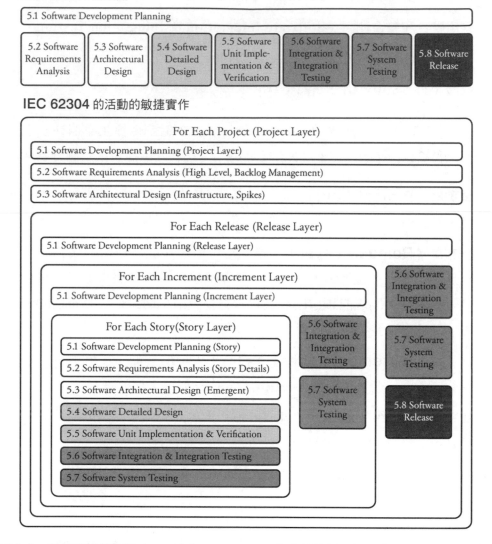

IEC 62304 的活動

5.1 Software Development Planning

| 5.2 Software Requirements Analysis | 5.3 Software Architectural Design | 5.4 Software Detailed Design | 5.5 Software Unit Implementation & Verification | 5.6 Software Integration & Integration Testing | 5.7 Software System Testing | 5.8 Software Release |

IEC 62304 的活動的敏捷實作

For Each Project (Project Layer)

5.1 Software Development Planning (Project Layer)

5.2 Software Requirements Analysis (High Level, Backlog Management)

5.3 Software Architectural Design (Infrastructure, Spikes)

For Each Release (Release Layer)

5.1 Software Development Planning (Release Layer)

For Each Increment (Increment Layer)

5.1 Software Development Planning (Increment Layer)

For Each Story(Story Layer)

5.1 Software Development Planning (Story)

5.2 Software Requirements Analysis (Story Details)

5.3 Software Architectural Design (Emergent)

5.4 Software Detailed Design

5.5 Software Unit Implementation & Verification

5.6 Software Integration & Integration Testing

5.7 Software System Testing

5.6 Software Integration & Integration Testing

5.7 Software System Testing

5.6 Software Integration & Integration Testing

5.7 Software System Testing

5.8 Software Release

圖 21-1：將範例監管流程（**regulatory process**）文件類別映射到 **Scrum** 活動。改編自
（**AAMI, 2012**）。

跨 Sprint 的工作分配會進行調整，以滿足法規要求，部分是為了支持有效率地
產出文件。下面這種方法已得到成功的應用：

- 使用第一個 Sprint（或最初的幾個 Sprint）來定義專案的整體範圍、發布計畫，並配置好架構基礎。

- 按照規定實作正常的 Scrum Sprint。「完成定義」（DoD）將包括 Sprint 的建置文件（as-built documentation），這包括將每個「使用者故事」映射到「程式碼」和「測試使用案例」。

- 在為發布做準備時，執行一個文件 Sprint，重點是整理文件以滿足法規要求，包括保持「需求」與「包含程式碼和測試輸出的設計文件」之間的同步，並以正式的方式執行測試，藉此建立驗證記錄。

我將在下面討論這種方法的一些變化。

21.3　受管制系統的敏捷邊界

在開發「受管制軟體」時，文件化的成本是一個相當重要的議題，而把「敏捷邊界」的概念應用到軟體開發活動當中可能很有幫助。思考一下通用的軟體活動集合。

在沒有文件化需求的情況下，你可能會發現，應用從「計畫」到「需求」再到「驗收測試」的高度迭代是非常有價值的。你可能會發現，在單元實作開始之前再即時定義需求，也是很有價值的。

但是當你有文件化需求時，你可能會認為，在需求中採用高度迭代的成本太高了，使用更循序式的方法則更經濟實惠。考慮到這一點，你可能會在架構之後、在軟體系統測試之前繪製你的敏捷邊界，如圖 21-2 所示。

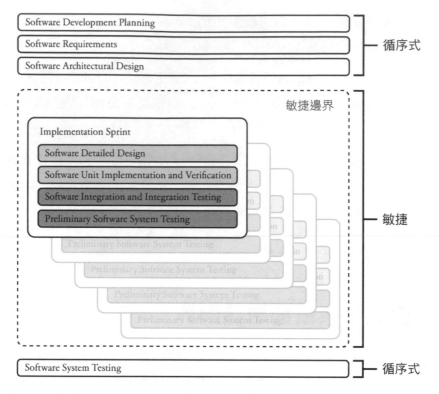

圖 **21-2**：這個範例顯示，受管制的產業中的開發計畫（**development initiative**）可能會這樣劃定它的敏捷邊界。

在這種情況下，你將使用一種主要是循序式的方法來進行計畫、需求和架構；然後，你將轉向更增量式的方法來進行詳細的實作工作；接著，你將轉回循序式的方法來進行軟體系統測試。

有些敏捷純粹主義者會抱怨這種方法「不是真正的敏捷」，但再次強調，我們的目的不是敏捷。我們真正的目的是使用「可用的軟體開發實踐」來最佳地支持業務。當你考慮到製作文件的成本時，循序式方法和敏捷方法的組合有時在受管制環境中效果最好。

整體而言，與不受管制產業的敏捷實作相比，受管制產業中的敏捷實作更加正式化和結構化，而且需要更多的文件。儘管如此，在受管制產業中工作的軟體團隊，仍將從以下敏捷實踐中獲益：更短的端到端單元開發週期、持續測試、更緊密的回饋迴圈、頻繁的結構化協作，以及由於更高比例的即時計畫（可能還有即時需求和設計）而減少的浪費。他們可能也會從漸進式地建立文件中獲益。

21.4 其他注意事項

在與受管制產業的公司合作時，我們發現，所謂的「法規要求」（regulatory requirements）未必來自於法規。有時它們來自已經落後於法規的、僵化的組織政策。

我們曾與一家生命科學公司合作，這家公司強制執行「設計」的可追溯性——追蹤（追溯）在哪些特定的軟體模組中，哪些特性被修改了。我們分析了哪些開發流程要求是 FDA 規定的、哪些才是公司監管小組要求的。我們刪除了大約三分之一的設計文件，因為這些不是 FDA 規定的，而且基本上是沒有用的。

我們發現，那些被當作法規要求的需求，主要來自公司在客戶「稽核」方面的經驗，而不是來自任何的監管機構。我們還看到，文件需求有時來自於軟體資本化規則（software capitalization rules），而不是真正的法規要求。

總而言之，我建議你一定要了解法規要求的來源。請與你的監管小組討論，了解哪些是真正的法規要求、哪些是監管小組對「客戶或金融實踐需要什麼」的意見。然後，你可以決定是否有必要將公司過往的文件需求推進到目前的開發工作當中。

建議的領導行動

≫ 檢查

- 調查你的公司中法規要求的來源。哪些要求實際上來自現行法規，哪些來自其他來源？

- 查看在你的環境中建立文件的方式。敏捷實踐可以用來降低文件成本嗎？

- 在公司的軟體開發活動中，你現在會把敏捷邊界繪製在哪裡？它是否被繪製在最佳的位置？

≫ 調整

- 如果你在檢查文件時發現了成本問題，請制定一個計畫，藉由更漸進式地建立文件來降低文件成本。

- 請制定一個計畫，為組織中的活動重新繪製敏捷邊界，以更好地支持組織的目標，包括符合成本效益的文件化目標。

其他資源

- AAMI. 2012. *Guidance on the use of AGILE practices in the development of medical device software*. 2012. AAMI TIR45 2012.

  這是目前「受管制產業中的敏捷」的權威性參考。

- Collyer, Keith and Jordi Manzano. 2013. Being agile while still being compliant: A practical approach for medical device manufacturers. [Online] March 5, 2013.

這是一篇值得一讀的案例研究，它描述了一個團隊如何使用敏捷方法滿足法規要求。

- Scaled Agile, Inc. 2017. "Achieving Regulatory and Industry Standards Compliance with the Scaled Agile Framework® (SAFe®)" Scale Agile, Inc. White Paper, August 2017.

這份白皮書描述了如何使用 SAFe 作為具體的敏捷方法來實現合規性。它雖然簡短，但它是本章很好的補充。

第 22 章

更有效的敏捷專案組合管理

許多公司在管理他們的專案組合（project portfolio）時是相當隨興的。他們會憑直覺來決定哪些專案要先開始、哪些專案會先完成。

這些公司沒有意識到，他們這種隨興的專案組合管理方法耗費了他們多少成本。如果他們有意識到，他們肯定寧願燒掉成堆的百元美鈔，也不願使用憑直覺（seat-of-the-pants，指憑感覺或毫無頭緒）的方法來管理他們的專案組合。

憑直覺的組合管理方法與基於數學的方法之間，它們所產生的價值差距很大，而敏捷專案較短的週期時間，則為「透過良好的專案組合管理增加交付價值」這件事創造了更多機會。

22.1 WSJF（加權最短工作優先）

管理敏捷專案組合的主要工具是 WSJF（Weighted Shortest Job First，加權最短工作優先）。

WSJF 的概念來自 Don Reinertsen 在精實產品開發方面的研究（Reinertsen, 2009）。在敏捷開發中，它主要與 SAFe 相關聯，但無論組織是否使用 SAFe，這個概念都廣泛適用。

WSJF 首先會確定與每個特性（feature）或故事（story）相關的「延遲成本」（cost of delay，CoD）。CoD 是一個不太符合直覺的術語，它指的是「某個特性不可用」的機會成本（opportunity cost）。如果一個特性上線之後，每週可為你的企業節省 50,000 美元，那麼延遲成本就是每週 50,000 美元。如果該特性上線之後，每週會產生 200,000 美元的收入，那麼延遲成本就是每週 200,000 美元。

WSJF 是一種啟發式方法（Heuristic Approach），用於最小化一組特性的延遲成本。假設你擁有表 22-1 中的特性。

表 **22-1**：特性集範例，包含「計算 **WSJF** 所需的資訊」。

特性	延遲成本	開發工期	WSJF: 延遲成本 / 開發工期
特性 A	$50k/ 週	4 週	12.5
特性 B	$75/ 週	2 週	37.5
特性 C	$125k/ 週	8 週	15.6
特性 D	$25k/ 週	1 週	25

根據表 22-1，最初的 CoD 總和為每週 275,000 美元——所有特性的 CoD 的加總。一旦你開始交付特性，你將停止計算「已交付特性」的 CoD。

WSJF 的規則是優先交付「WSJF 最高的特性」。如果多個項目擁有相同的 WSJF，那就優先執行最短的項目。

假設我們按照 CoD「從最大到最小」的順序實作了這些特性。CoD 總和的圖表看起來就會像圖 22-1 一樣。

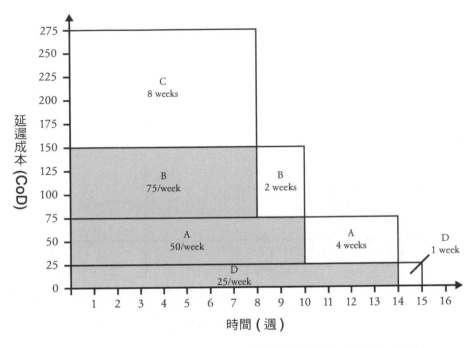

圖 22-1：範例特性的 **CoD** 總和，按照 **CoD** 遞減（降序）的順序交付。

白色矩形表示目前正在進行的特性：工作首先會從特性 C 開始（它有最高的 CoD），然後是特性 B、特性 A，最後才是特性 D（它有最低的 CoD）。

每個特性的 CoD 都會一直累積，直到特性完成為止。計算有陰影的矩形和沒有陰影的矩形所佔據的總面積，就可以得到 CoD 總和。在這個範例中，CoD 總和為 282.5 萬美元：特性 C 是 125,000 美元 / 週乘以 8 週，加上特性 B 的 75,000 美元 / 週乘以 10 週，依此類推。

另一方面，圖 22-2 展示的是另一種結果：不按照 CoD，而是按照 WSJF（延遲成本除以開發工期）遞減的順序交付特性。虛線展示的是按照簡單 CoD 順序交付的曲線。

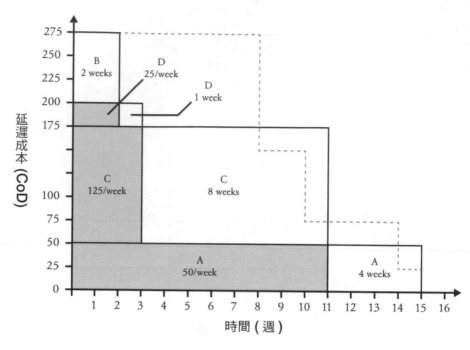

圖 **22-2**：範例特性的 **CoD** 總和，按照 **WSJF** 遞減（降序）的順序交付。

很明顯的，你可以看到，按照這種順序交付特性時，矩形的總面積會小於「按照 CoD 遞減的順序交付」的總面積。從數學上來說，這種順序的 CoD 總和為 235 萬美元，比上一種方法的 CoD 總和減少了（或者說，商業價值增加了）47.5 萬美元。我們只需「重新排序」交付特性的順序，就可以獲得令人驚豔的商業價值增長！

22.1.1 更常見（卻也是更糟糕）的替代方案

基於 CoD 的其他排序方法雖然不是最好的（sub-optimal，即次優的），但卻很常見，儘管 WSJF 明顯是一種更好的排序方法。一種更糟糕的交付順序（也是很常見的）是在預算週期（budget cycle）中平均安排（同時處理）所有 4 個特性，在週期開始時就開發所有 4 個特性，直到週期結束時才能完成交付其中任何一個，如圖 22-3 所示。

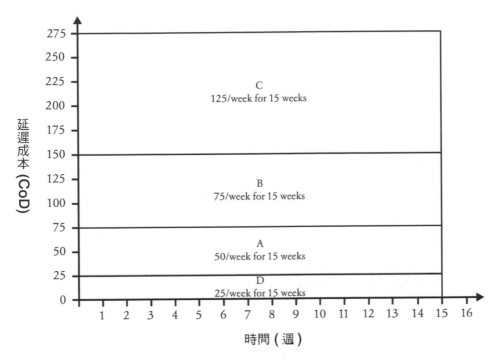

圖 22-3：特性的 **CoD** 總和，按照預算週期交付。

這種方法的 CoD 總和為 412.5 萬美元，遠低於其他兩種方法。

Lean（精實）的一個宣傳口號（主要目標）是「停止開始，開始完成」（Stop starting, start finishing.）。在按照季度或年度節奏進行循序式開發的組織當中，這個範例中所展示的機會損失不會很明顯。然而，當組織轉向 1 週或 2 週的節奏時，這就變得更加明顯了。

22.1.2 使用金錢來表示延遲成本的替代方案

迄今為止，範例都是使用金錢來表示 CoD（延遲成本）的。在兩種情況下，你可能會選擇使用不同的方式來表達 CoD。

1：成本是非貨幣性成本。在對安全至關重要的環境中，CoD 可能是「無法使用醫療設備來挽救生命」，或者「無法使用 911 系統來接聽緊急電話」。在這些情況下，你可以用死亡人數、受傷人數或其他合適的單位來表達 CoD。此外，WSJF 的計算方式也是相同的。

2：你沒有關於成本的良好資訊。更常見的情況是，成本是貨幣性成本，但你沒有關於延遲成本的準確或可靠的資訊。在這種情況下，你可以分配相對成本。敏捷團隊通常為此使用費氏數列（1、2、3、5、8、13、21）。在分配了相對成本之後，WSJF 的計算方式是相同的。

22.2 其他注意事項

22.2.1 T 恤尺寸方法

「第 14 章」所描述的 T 恤尺寸方法也可以用於「組合」層級的計畫，我們與成功做到這一點的許多公司合作過。然而，如果一家公司能夠計算其計畫（initiative）的延遲成本，特別是如果能夠使用金錢（貨幣形式）計算的話，那麼使用 WSJF 將是更受歡迎的方法，因為它會帶來更明顯的商業價值。

建議的領導行動

》檢查

- 在你的公司中，有多大規模的特性、需求或專案，足以支持延遲成本的計算？使用 CoD 和 WSJF 能改善團隊在「特性」層級的計畫嗎？還是只有「專案組合」層級的計畫？

- 使用 CoD 和 WSJF 檢查你目前的專案組合。從業務那裡取得「延遲成本」資訊，從團隊那裡取得「開發工期」。計算目前優先順序的 CoD 總和。計算組合的 WSJF 順序，然後計算如果你按照 WSJF 順序「重新排序」你的組合的話，你的總延遲成本會是多少？

》調整

- 使用 WSJF 對你的專案組合進行排序。

- 考慮將 WSJF 方法應用於粒度較小的項目，例如史詩。

其他資源

- Reinertsen, Donald G. 2009. *The Principles of Product Development Flow: Second Generation Lean Product Development*.

  本書包含了 CoD 和 WSJF 的描述，並深入討論了排隊理論（Queueing Theory，也稱為等候理論）、批次大小和增加流量。

- Humble, Jez, et al. 2015. *Lean Enterprise: How High Performance Organizations Innovate at Scale*.

  本書也討論了 WSJF，而且更著重討論軟體。它將 WSJF 重新命名為「CD3」（Cost of Delay Divided by Duration，延遲成本除以開發工期）。

- Tockey, Steve. 2005. *Return on Software: Maximizing the Return on Your Software Investment*.

  本書詳細討論了工程情境中的經濟決策，包括在風險及不確定性的情況下做決策的有趣討論。

第 23 章

更有效的敏捷導入

本書的其他章節描述了構成「敏捷導入」細節的具體敏捷實踐。本章討論的是「導入」（adoption，採用）本身，這是組織變革（organizational change）的一種形式。無論你正處於艱難的敏捷導入過程中，還是剛剛開始新的敏捷實作，本章都將介紹如何使你的導入成功。

23.1　一般變革方法

從 40,000 英尺的高空視角來看，敏捷導入的直覺方法似乎很簡單：

- **第 1 階段：從 Pilot Team（先導團隊）開始**。建立一個初始團隊，在你的組織中試用一種敏捷開發方法。解決單一團隊層面的絆腳石。

- **第 2 階段：將敏捷實踐傳播給一個或多個其他團隊**。利用從 Pilot Team 取得的經驗教訓，將敏捷實踐推廣到其他團隊。建立實踐社群、分享經驗教訓。解決其他問題，包括團隊之間的問題。

- **第 3 階段：將敏捷實踐推廣到整個組織**。利用第 1 階段和第 2 階段的經驗教訓，將敏捷實踐推廣到組織的其他地方。讓第 1 階段和第 2 階段的團隊成員成為其他團隊的教練。

這一切都是合乎邏輯和符合直覺的，也算是有點成效。但它忽略了支持「成功推廣」所需的重要元素，而且忽略了 Pilot Team 與更大規模推廣之間的關鍵關係。

23.2 Domino 變革模型

組織變革是一個很大的主題，研究人員持續地在研究它並撰寫了相關文章。哈佛大學教授 John Kotter 談到了成功變革的 8 個步驟，該流程遵循 3 個階段（Kotter, 2012）：

- 創造變革的氣氛

- 參與並支持組織

- 實作和維持變革

20 世紀初期的心理學家 Kurt Lewin 提出了類似的想法：

- 解凍（Unfreeze）

- 變革（Change）

- 再凍結（Refreeze）（編註：有興趣的讀者可以搜尋「Kurt Lewin 的組織變革模型」，即先「解凍」組織的現狀，再推動與執行「變革」，最後「再凍結」成穩定的狀態，即「固定化」變革成果。）

這些模型可以發人深省。為了預測「成功的敏捷導入」所需的各種支持，我很欣賞一個受 Tim Knoster 的研究啟發的變革模型，我稱之為「Domino 變革模型」（Domino Change Model，DCM）。

在 Domino 變革模型（DCM）中，成功的組織變革需要以下元素：

- 願景（Vision）

- 共識（Consensus）

- 技能（Skills）

- 資源（Resources）

- 激勵措施（Incentives）

- 行動計畫（Action Plan）

如果所有元素都存在，變革就能成功。但是，如果缺少任何一個元素，變革就不會發生。你可以將其視為必須到位的 Domino 骨牌（多米諾骨牌或西洋骨牌）。如果缺少任何一塊 Domino 骨牌，變革就無法成功。圖 23-1 展示了缺少其中一塊 Domino 骨牌時，會發生什麼事情。

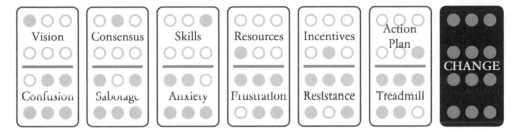

圖 23-1：**Domino** 變革模型描述了變革所需的元素，以及缺少每個元素的影響。

我將在接下來的小節中介紹這些元素。

23.2.1 願景

根據 DCM，缺乏願景（Vision）會導致混亂（Confusion）。混亂會從敏捷本身的定義開始。正如我在「第 2 章」中所描述的，不同的人對「敏捷」的涵

義可能有非常不同的見解。如果沒有清晰的願景，有些人會認為「敏捷導入」是指將整個業務重新設計得更加靈活，有些人則認為這僅僅表示要在公司範圍內實作 Scrum。領導階層需要傳達「敏捷」的明確定義。

除了清楚定義敏捷之外，願景還應該包括一份關於「期望的最終狀態」的詳細闡述。這種闡述應該包括為什麼需要採用敏捷、預期的好處是什麼、導入的深度和廣度為何，以及它會如何影響每個人——理想情況下這種闡述不會是一般的敘述或是籠統的說法，而是一個一個解釋清楚的。

在沒有清晰願景的情況下推動變革，會導致「領導階層不知道自己在做什麼」的感受。

23.2.2　共識

根據 DCM，缺乏共識（Consensus）會導致破壞（Sabotage），我們公司已經見證了許多這樣的例子。破壞有許多變形，包括：

- Scrummerfall（Scrum 式瀑布，使用瀑布式做法，但用 Scrum 術語重新命名瀑布式實踐）
- Scrum-but（「有 Scrum，但是」，省略 Scrum 的必要元素）
- 哪怕只是很小的障礙，也缺乏或沒有動力去克服
- 抱怨和消極抵抗

領導階層在沒有達成共識的情況下推動變革，會導致人們認為「領導階層不關心我們」。

闡明一個清晰的願景對於建立共識大有幫助，而且積極地溝通是必要的——遠遠超過你想像的程度。清楚地闡明好處是領導「敏捷導入」最簡單的方法之一，因為團隊將可決定，這是他們工作成功所需要的因素。

真正的共識建立需要「雙向的溝通」：領導者描述願景和接受有關願景的回饋。在真正的共識建立過程中，願景可能會受到影響。領導者需要對調整願景的可能性持開放態度——這實際上只是「檢查和調整」（Inspect and Adapt）的另一個例子。

23.2.3 技能

你不能強迫某人做他們沒有能力做的事情，因此，試圖在沒有發展必要技能（Skill）的情況下導入敏捷就會造成焦慮（Anxiety）。當領導者試圖在沒有培養必要技能的情況下推動變革時，就會產生「領導階層很不合理」的看法。

培養技能需要最基本的卻也是最重要的專業技能發展，包括課堂或線上的正式培訓、討論小組、讀書會、邊吃午餐邊學習（lunch and learn）、練習新技術的時間、內部指導（internal coaching）、外部指導（external coaching）以及導師輔導（mentoring）等等。

23.2.4 資源

我們在自己的工作中經常會看到這種動態：管理階層想要做出改變，但想知道為什麼要花費這麼長的時間，他們的員工也想要做出改變，但卻認為管理階層不會讓他們做出改變。我們將此稱為管理階層與員工之間的「激烈共識」（violent agreement）——他們只是不知道而已。（編註：violent agreement又譯暴力共識，即雙方在一些重點上彼此同意，但還是在激烈爭辯有歧異的部分。）

這種動態的其中一個原因是員工被要求在沒有必要資源的情況下做出改變——他們必然會覺得自己被阻止做出改變。

請記得，軟體開發是基於知識、基於技能的工作，軟體變革所需的各種資源包括參與培訓、獲得指導和具備工具的使用憑證。儘管可能沒有必要，但員工還需要獲得「明確的許可」以及「專門的時間」來採用敏捷。否則的話，員工的注意力就會優先分配給日常任務。較大型的組織通常需要全職員工來推動敏捷導入。

如果沒有足夠的資源（Resources），員工會認為「領導階層不當一回事」。

23.2.5　激勵措施

如果沒有激勵措施（Incentives），你可能會遭遇到阻力（Resistance）。這是很自然的，因為人們不想做出不符合自身利益的改變。大多數人認為安於現狀符合他們的自身利益——做出任何改變都需要有正當的理由。

這是另一個「清楚表達願景」有所幫助的領域。激勵措施不必是金錢上的，也不必是有形的。每個人都需要了解「為什麼變革對他們來說很重要」、「為什麼這符合他們的個人利益」。這工作量很大，需要大量持續的溝通。如果沒有激勵措施，團隊就會認為「領導階層正在利用我們」。

請記住要考慮「自主、專精和目的」。一個循規蹈矩的敏捷實作將增加個人與團隊的「自主權」。關注「基於經驗的計畫」和「成長心態」將支持學習與「專精」。最能夠支援敏捷團隊的領導風格是定期傳達「目的」。

23.2.6　行動計畫

如果沒有行動計畫（Action Plan），敏捷導入就會停滯不前。具體的任務需要被指派給具體的人，並且要制定進度。這樣的計畫需要傳達給參與其中的每一個人，在敏捷導入中，就是指所有的人。這是很基本但經常被忽視的一點：「如果人們不知道要做什麼來支持導入，他們就不會去做！」

在沒有行動計畫的情況下推動敏捷導入，會導致「領導階層不致力於變革」的看法。

大型組織中有一個很常見的模式，那就是啟動了太多次變革週期，其中大部分從未實現過。在經歷過當中的幾次變革之後，員工採取了保持低調的做法，並希望在影響到他們之前，變革就會消失。許多組織過往的變革記錄顯示，這種應對做法還是有很多優點的。

請記得將「檢查和調整」納入行動計畫之中。變革應該是漸進式的，而且應該在「定期回顧」以及「應用所學的經驗」的基礎上，在整個推廣過程中進行改進。

表 23-1 總結了在 DCM 中缺少任何一個元素會帶來什麼影響，以及會讓員工對領導階層的看法產生什麼影響。

表 23-1：DCM 中缺少任何一個元素的影響。

缺少	導致	進而感到
願景	混亂	領導階層不知道自己在做什麼
共識	破壞	領導階層不關心我們
技能	焦慮	領導階層很不合理
資源	挫折	領導階層不當一回事
激勵措施	阻力	領導階層正在利用我們
行動計畫	停滯不前	領導階層不致力於變革

23.3 在組織中傳播變革

對於「規劃敏捷導入」以及「診斷導入為何會停滯的原因」來說，Domino 變革模型（DCM）都能派上用場。

然而，敏捷導入還有另一個方面的問題沒有被 DCM 納入，這些問題是：組織是如何實驗（pilot）敏捷實踐的，以及他們如何繼續更大規模地推廣這些實踐？

與本章開頭描述的理想化推廣（rollout）相比，許多組織的推廣看起來更像這樣：

- 組織承諾採用敏捷。

- 最初的 Pilot Team 取得了成功。

- 實作變革的第 2 個或第 3 個團隊出錯或失敗了——團隊徹底失敗、團隊放棄新做法並恢復舊做法，或是再也沒有後續的 Pilot Team 了。

為什麼會這樣呢？你可能有聽過 Geoffrey Moore 的「跨越鴻溝」（Crossing the Chasm）模型，它適用於創新產品的市場採用度（Moore, 1991）。我發現同樣的模型也適用於組織「內部」的創新。

Moore 的模型是根據 Everett Rogers 在《*Diffusion of Innovation*》（Rogers, 1995）中的開創性研究。因為這裡的討論不會依賴於 Moore 的「鴻溝」概念，所以我將專注討論 Rogers 的描述。

如圖 23-2 所示，在 Rogers 的模型中，創新是「從左到右」被不同類型的採用者（adopter）所採用的。

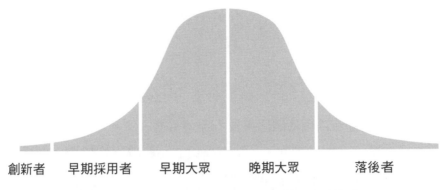

圖 **23-2**：創新採用（**innovation adoption**）的順序。

這 5 種不同類型的採用者分別具有不同特色。

「創新者」（Innovators）是最早的採用者。他們具有冒險精神，渴望嘗試新技術或實踐。他們會被新奇事物本身吸引。他們能夠應對高度的不確定性——他們擁有很高的風險承受能力。他們經常失敗，但他們不會為此煩惱，因為他們非常渴望成為第一個得到有用新事物的人。因為他們經常失敗，所以其他類型的採用者可能不會尊重他們。

「早期採用者」（Early Adopters）與「創新者」有一些共同點，但稍微緩和一些。他們也會被新技術和實踐所吸引，主要是因為他們試圖在其他人之前取得巨大的「勝利」。「早期採用者」不會像「創新者」那樣經常失敗，因此他們是組織中受人尊敬的「意見領袖」。他們是其他採用者的榜樣。

「創新者」和「早期採用者」有一些共同點。他們都被創新所吸引。他們正在尋找革命性的、改變遊戲規則的益處。他們都有很高的風險承受能力，而且非常積極地看待變革的工作。他們願意付出大量的個人精力和主動性來使變革奏效。他們會閱讀、尋找夥伴、做實驗等等。他們將新事物的挑戰視為「在其他人之前」使新事物發揮作用的機會。總而言之，這些人只需很少的外部支援就可以獲得成功。

現在，有一個大問題：誰通常會在 Pilot Team 內工作？

「創新者」和「早期採用者」！這是有問題的，因為他們不能代表組織中的大多數採用者，他們只能代表組織中的一小部分採用者。

如圖 23-3 所示，創新採用的順序呈現「標準常態分佈」（鐘形曲線）。「創新者」距離平均值達 3 個標準差，「早期採用者」距離平均值達 2 個標準差。它們加起來只佔了採用者總數的 15%。

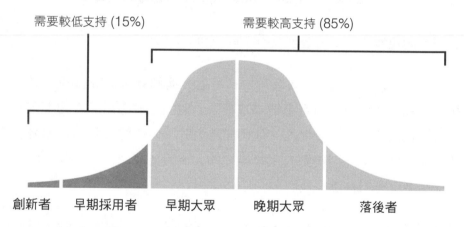

圖 23-3：在創新採用的順序中，不同部分的採用者，需要的支持程度也不相同。後期採用者比早期採用者需要更高程度的支持。

與較早的採用者（15% 的「創新者」和「早期採用者」）相比，較晚的採用者（85% 的「早期大眾」、「晚期大眾」和「落後者」）也有一些共同點。他們被新奇事物所吸引是為了提高品質或生產力，而不是為了創新本身。他們尋求的是低風險、安全、增量的收益。他們不太能夠承受風險——許多人都厭惡風險。他們不願意付出個人精力來克服障礙，他們將障礙視為「變革是一個壞主意而且應該放棄」的證據。他們不太願意看到變革成功。他們動機和態度要不是「變革可有可無」，就是「希望變革失敗」。

這表示 Pilot Team 往往不會告訴你「成功推廣」所需要的大部分資訊。較晚的採用者需要更多支持，而大多數採用者都是較晚的採用者。

有些科技公司領導者會爭辯說，在他們的員工當中，「創新者」和「早期採用者」的比例較高，而「早期大眾」（Early Majority）、「晚期大眾」（Late Majority）和「落後者」（Laggards）的比例較低。事實上，不同人群的百分比可能會有所不同，這種觀點或許是正確的。但在他們的員工當中，「不同類型的採用者」的分析和拆解同樣適用。他們的早期採用者將進行評估，而他們的晚期採用者將需要更多支持。

23.4 另一個 40,000 英尺的推廣視角

從 40,000 英尺的高空視角來看，這是一個更實際的敏捷導入方法：

- **第 1 階段：從 Pilot Team 開始。** 建立一個初始團隊，在你的組織中試用一種敏捷開發方法。解決單一團隊層面的絆腳石。

- **第 2 階段：將敏捷實踐傳播給一個或多個其他團隊。** 傳達敏捷「如何讓你的組織和其中的人員獲益」的詳細願景。詳細描述 Pilot Team 獲得的好處。傳達敏捷導入「如何使下一個團隊的特定人員獲益」的詳細願景。在工作時間提供明確的培訓、指導、留出專門的時間來向新團隊推廣。建立實踐社群並支持他們。定期與新團隊聯繫，主動提供額外的支援。解決其他問題，包括團隊之間的問題。制定一份計畫，提供更廣泛推廣所需的培訓與支援。

- **第 3 階段：將敏捷實踐推廣到整個組織。** 根據最初幾個團隊的經驗，傳達調整後的敏捷「如何讓你的組織獲益」的願景。詳細描述這些團隊獲得的好處，並解釋已吸取什麼經驗教訓，這些經驗教訓有助於確保其他團隊得到成功。聽取人們的回饋，並根據需要修改願景。傳達修正後的願景，並確認其中已包含了人們的回饋。

為每一個會受到敏捷導入影響的人安排會議，並傳達敏捷導入「如何具體使該人員受益」的詳細願景。透過了解每個人的具體情況來為每次會議做好準備。不要把個人當作「群體中的一個普通成員」來對待。

描述「讓敏捷在你的組織中取得成功」的具體計畫。描述「誰正在帶領敏捷導入」、「需要哪些任務才能使導入成功」，以及「導入的時間表」。

在工作時間內提供培訓和指導。強調每個團隊都有權力進行「成功推廣」所需的工作。定期與團隊聯繫，並提供額外的支援。讓員工得以協助解決團隊內部和跨團隊的問題。向團隊說明，挑戰是意料之中的，當挑戰發生時，公司將提供支援。

整體而言，將「指揮官意圖」應用於敏捷導入。設定願景（並接受人們的回饋），然後讓人們彈性、靈活地解決細節問題。

23.5 檢查和調整

隨著推廣的繼續，請定期回顧 Domino 變革模型（DCM），尋找每個領域出現問題的跡象。每次敏捷導入在某些方面都是獨一無二的。請對回饋保持開放態度，如果需要，就調整方向。這是一個在領導階層示範「檢查和調整」（Inspect and Adapt）行為的機會。

建議的領導行動

》檢查

- 回顧 Domino 變革模型。它如何應用於你過去或目前的變革計畫？
  你的組織通常在模型的哪些部分取得成功，還有哪些改進的空間？

- 回顧創新擴散模型（innovation diffusion model）。它如何呼應公司的 Pilot Team 的過去經歷？你是否同意你的 Pilot Team 是由「創新者」和「早期採用者」所組成？他們在公司其他成員中的代表性又是如何？

》調整

- 分析你「目前的敏捷導入」與「Domino 變革模型的元素」之間的差距，制定一份計畫，改善兩者之間的落差。

- 分析你「目前對晚期採用者的支持」與「創新擴散模型」之間的差距，制定一份計畫，為晚期採用者提供合適的支援。

其他資源

- Rogers, Everett M. 1995. *Diffusion of Innovation, 4th Ed.*

  這是關於「創新擴散理論」的權威性著作。

- Moore, Geoffrey. 1991. *Crossing the Chasm, Revised Ed.*

  這本書普及了 Rogers 關於「創新擴散理論」的研究。它的可讀性很高，而且比 Rogers 的書要短得多。

- Heifetz, Ronald A. and Marty Linsky. 2017. *Leadership on the Line: Staying Alive Through the Dangers of Change, Revised Ed.*

  這是一本有點枯燥的書，但它提供了一種非常有用的方式，來思考領導者在領導變革中的角色（在參與者與旁觀者這兩種角色之間來回切換，即離開舞池，走到陽台上往下看（view from the balcony）），以及一些重要卻很少討論的變革障礙。

- Kotter, John P. 2012. *Leading Change*.

  這是 Kotter 關於「引領變革」的權威性著作。

- Kotter, John and Holger Rathgeber. 2017. *Our Iceberg Is Melting, 10th Anniversary Edition*.

  這是 Kotter 變革理論的精采有趣版本，以企鵝的寓言故事來述說變革之旅。如果你喜歡《*Who Moved My Cheese*》和《*Fish! A Proven Way to Boost Morale and Improve Results*》，你會喜歡這本書的。

- Madsten, Corey. 2016. *How to Play Dominoes*.

  每位作者在寫完一本書時，難免都會有點頭昏眼花。之所以引用這本書，只是為了看看還有誰認真閱讀到了最後。（編註：其實這是一本 Mexican Train Dominoes（墨西哥火車骨牌）的遊戲教學書籍，與本章的 Domino 變革模型無關。）

PART V

尾聲

本書最後的 PART V（第五部分）提供了「高度敏捷的組織」的願景，並且鉅細靡遺地總結了本書描述的所有關鍵原則。

Enjoy the Fruits of Your Labor

享受辛勞的成果

從一開始，「敏捷」本身既是大聲疾呼「更好的軟體開發」的口號，同時也是那些為了支持這一口號而發展的「大量實踐、原則和哲學」的統稱。

敏捷本身不斷地「檢查和調整」，然後改進，這就是為什麼今天的敏捷比 20 年前的敏捷更好的原因。現代敏捷理解到，敏捷的目標不僅僅是做敏捷。目標是使用敏捷實踐和其他實踐來支持你的商業目標和戰略。

有效的敏捷始於領導力——你為你的敏捷團隊定下了基調。透過「指揮官意圖」明確傳達你的期望、授權你的團隊、發展他們的自我管理能力，然後讓他們迭代和改進。專注於「修復系統，而不是個人」。幫助你的組織「寬容對待錯誤」以及「培養成長心態」。視錯誤為學習的機會，「檢查和調整」，逐步變得更好。

如果這些都做得好，你的組織將建立專注於組織「目標」的團隊。即使「目標」發生了變化，團隊也能回應組織的需求。這將提高組織回應客戶「不斷變化的需求」的能力。

你的團隊將持續監控「他們正在使用的實踐」的有效性，並用更好的實踐取代無效的實踐。他們產出量會隨著時間逐步增加。

你的團隊將持續監控「他們的工作流程」。他們將知道工作處於哪個階段，以及是否按照應有的進度來執行。他們將為其他人提供廣泛的能見度（visibility）。當他們說「他們將要交付什麼」時，他們就會「如期地、高品質地交付他們所說的東西」。

你的團隊將與其他團隊、其他專案的利害關係人以及公司之外的世界一起良好地合作。

新發現將是源源不絕的，但破壞性的驚喜（驚嚇）將少之又少。萬一發生了這樣的意外，團隊將提供及時的通知，這讓團隊與公司的其他成員能夠快速、有效地做出回應。

團隊將永遠保持高品質，並定期發現改善的機會。積極性會很強，人員流動率會很低。

隨著組織朝向「富有成效的軟體開發」這一願景前進，它會經歷幾個成熟階段。

最初，重點會放在團隊的內部績效上。團隊需要進行多次 Sprint 來學習 Scrum 與其他支援性質的敏捷實踐。他們將努力實現：使用「小增量」進行計畫、使用支持「短迭代週期」的方式進行設計、優先順序排序、承諾、維持高品質、代表你的組織做出決策、團隊合作以及交付等等。根據他們得到的支持程度，以及他們與公司其他部門的摩擦程度，他們可能需要多次 Sprint 才能達到這種能力水準。

隨著時間流逝，重點會轉移到組織與團隊的互動上。由於團隊的能力有所提升，因此，你的組織將需要在產品的「需求的優先順序」方面，以及「其他事項的優先順序」方面，展現出明確的領導力，並及時做出決策，以便跟上團隊能力提升之後的步調。

最終，迭代的變革（不斷的改進）將改變你的團隊。他們將更迅速地交付、更迅速地調整方向。利用提升的開發能力，這將為你的組織開創戰略機會（strategic opportunity），以不同的方式更好地計畫和執行。

關注「成長心態」與「檢查和調整」，這代表所有這些事情都會隨著時間變得越來越好。

好好享受辛勞的成果吧！

關鍵原則一覽表

- 「檢查和調整」（**Inspect and Adapt**）。敏捷是一種依賴於「從經驗（experience）中學習」的經驗（empirical）方法。這需要創造機會定期反思，並根據經驗進行調整。（第 3.3 節）

- 「從 Scrum 開始」（**Start with Scrum**）。Scrum 不一定是敏捷之旅的最終目的地，但它是最結構化、最受支持的起點。（第 4.1 節）

- 「建立跨職能團隊」（**Build Cross-Functional Teams**）。敏捷專案的工作發生在自我管理的團隊當中。為了實作自我管理，團隊必須能夠做出對組織具有「約束力」（binding）的明智決策，並且必須包括這樣做所需的全套技能。（第 5.1 節）

- 「將測試人員整合到開發團隊中」（**Integrate Testers into the Development Teams**）。透過讓從事工作的人員更緊密地合作，來加強「開發」與「測試」之間的回饋迴圈。（第 5.3 節）

- 「透過自主、專精、目的來激勵團隊」（**Motivate Teams Through Autonomy, Mastery, Purpose**）。敏捷實踐本質上就支持那些有助於動機（motivation，激勵）的因素。團隊旨在「自主」地合作，並隨著時間的進展而變得更好（即「專精」）。為了做到這一點，他們需要理解他們的「目的」。「健康的敏捷團隊」和「積極的敏捷團隊」，這兩個概念是緊密交織在一起的。（第 6.1 節）

- 「培養成長心態」（**Develop a Growth Mindset**）。無論你是從「自主、專精和目的」的「專精」角度來看，還是從「檢查和調整」的角度來看，有效的敏捷團隊永遠都專注於變得更好。（第 6.2 節）

- 「發展業務重點」（**Develop Business Focus**）。開發人員經常需要在產品負責人的指導下填補「需求」中的空白。了解他們的業務有助於他們以「對業務有益的方式」填補這些空白（即「細節」）。（第 6.3 節）

- 「強化回饋迴圈」（**Tighten Feedback Loops**）。學習的時間不要超過你需要的時間，請盡量保持「緊密的回饋迴圈」。這有助於從「檢查和調整」（Inspect and Adapt）中更快地取得進展，以及從「培養成長心態」（Develop a Growth Mindset）中更快地提升成效。（第 7.1 節）

- 「修復系統，而不是個人」（**Fix the System, Not the Individual**）。大多數軟體專業人士都想把工作做好。如果他們沒有把工作做好——特別是他們似乎正在努力「不把工作做好」——請進一步了解這背後的原因。請尋找令人沮喪的系統性問題。（第 7.3 節）

- 「透過培養個人能力來提升團隊能力」（**Increase Team Capacity by Building Individual Capacity**）。團隊表現出來的屬性（attribute），是團隊成員的個人屬性（individual attribute，個人特質）以及他們之間互動的組合。透過加強團隊中的個人來加強你的團隊。（第 8.2 節）

- 「保持專案小巧」（**Keep Projects Small**）。小型專案比較容易，也更容易成功。並不是所有的工作都可以被組織成小型專案，但只要可以，每個工作都應該要這麼進行。（第 9.1 節）

- 「保持 Sprint 簡短」（**Keep Sprints Short**）。「簡短的 Sprint」支持頻繁的「檢查和調整」回饋迴圈。「簡短的 Sprint」可以快速地暴露問題，更容易在小問題變成大問題之前的萌芽階段，就將它們及早消滅掉。（第 9.2 節）

- 「以垂直切片的形式交付」（**Deliver in Vertical Slices**）。「回饋」在敏捷中很重要。當團隊以垂直切片的形式而不是以水平切片的形式交付時，他們在技術和設計選擇方面，都能從客戶和業務部門那裡獲得更好的回饋。（第 9.4 節）

- 「管理技術債」（**Manage Technical Debt**）。始終如一地「關注品質」是有效敏捷實作的一部分。「管理技術債」將有助於支援更高的團隊士氣、更快的進展，以及更高品質的產品。（第 9.5 節）

- 「透過架構支持大型敏捷專案」（**Support Large Agile Projects Through Architecture**）。良好的架構可以支援專案的工作劃分，以及最小化大型專案的開銷。優秀的架構可以讓一個大型專案感覺像是一個小型專案一樣。（第 10.5 節）

- 「最小化缺陷偵測的差距」（**Minimize the Defect Detection Gap**）。修復缺陷的成本往往會隨著它在流程中停留的時間越長而增加。敏捷專注於「持續的品質提升」的一個好處是在更接近源頭的地方偵測到更多缺陷。（第 11.1 節）

- 「建立和使用完成定義」（**Create and Use a Definition of Done**）。一個好的「完成定義」有助於及早發現不完整或有缺陷的工作，最小化「缺陷插入」和「缺陷偵測」之間的差距。（第 11.2 節）

- 「保持可發布的品質水準」（**Maintain a Releasable Level of Quality**）。「保持可發布的品質水準」有助於發現早期 DoD 漏掉的額外缺陷。（第 11.3 節）

- 「使用由開發團隊建立的自動化測試」（**Use Automated Tests, Created by the Development Team**）。自動化測試有助於「最小化缺陷偵測的差距」。讓團隊中的每個人都對測試負責，這強化了「品質是每個人的責任」的觀念。（第 12.1 節）

- 「精煉產品待辦清單」（**Refine the Product Backlog**）。「待辦清單精煉」能夠確保團隊正在處理「最高優先順序的項目」，不會自行填補需求的細節，也不會因沒有足夠的工作而陷入空轉。（第 13.7 節）

- 「建立和使用就緒定義」（**Create and Use a Definition of Ready**）。「待辦清單精煉」的一部分工作是確保在團隊開始實作「需求」之前，「需求」已準備就緒。（第 13.8 節）

- 「自動化重複性活動」（**Automate Repetitive Activities**）。沒有人喜歡重複性活動。軟體開發中有許多可以自動化的活動，當它們被「自動化」時，比它們「沒有自動化」時提供更多好處。（第 15.1 節）

- 「管理結果，而不是管理細節」（**Manage to Outcomes, Not Details**）。透過清楚地傳達「期望的結果」來支持團隊的自主權，同時讓團隊自由定義完成工作的詳細方式。（第 16.1 節）

- 「用指揮官意圖表達明確目的」（**Express Clear Purpose with Commander's Intent**）。清楚描述目標（objective），明確傳達你「期望的最終狀態」，藉此支持你的團隊，讓他們能夠做出即時的內部決策。（第 16.2 節）

- 「關注產出量，而不是活動」（**Focus on Throughput, Not Activity**）。與「管理結果」類似，細微差異在於忙碌並不是目標——完成有價值的工作才是目標。（第 16.3 節）

- 「關鍵敏捷行為的表率」（**Model Key Agile Behaviors**）。有成效的領導者會以身作則，展現他們希望在他人身上看到的行為。（第 16.4 節）

- 「寬容對待錯誤」（**Decriminalize Mistakes**）。寬容對待錯誤，如此一來，團隊才會毫不猶豫地讓錯誤浮出水面，以便從中學習。若沒有從中記取教訓，這樣的錯誤只會讓你的組織再次遭遇挫敗。（第 17.1 節）

- 「測量團隊產能，並以此進行計畫」（**Plan Based on Measured Team Capacity**）。敏捷是一種經驗方法，團隊和組織應該根據他們測量的績效來計畫他們的工作。（第 17.3 節）

Bibliography

參考文獻

- **AAMI. 2012.** *Guidance on the use of AGILE practices in the development of medical device software.* 2012. AAMI TIR45 2012.

- **Adolph, Steve. 2006.** What Lessons Can the Agile Community Learn from a Maverick Fighter Pilot? *Proceedings of the Agile 2006 Conference.*

- **Adzic, Gojko and David Evans. 2014.** *Fifty Quick Ideas to Improve Your User Stories.* Neuri Consulting LLP.

- **Aghina, Wouter, et al. 2019.** *How to select and develop individuals for successful agile teams: A practical guide.* McKinsey & Company.

- **Bass, Len, et al. 2012.** *Software Architecture in Practice, 3rd Ed.* Addison-Wesley Professional.

- **Beck, Kent and Cynthia Andres. 2005.** *Extreme Programming Explained: Embrace Change, 2nd Ed.* Addison-Wesley.

- **Beck, Kent. 2000.** *Extreme Programming Explained: Embrace Change.* Addison-Wesley.

- **Belbute, John. 2019.** *Continuous Improvement in the Age of Agile Development.*

- **Boehm, Barry and Richard Turner. 2004.** *Balancing Agility and Discipline: A Guide for the Perplexed.* Addison-Wesley.

- **Boehm, Barry. 1981.** *Software Engineering Economics.* Prentice-Hall.

- **Boehm, Barry W. 1988.** A Spiral Model of Software Development and Enhancement. *Computer.* May 1988.

- **Boehm, Barry, et al. 2000.** *Software Cost Estimation with Cocomo II.* Prentice Hall PTR.

- **Boyd, John R. 2007.** *Patterns of Conflict.* January 2007.

- **Brooks, Fred. 1975.** *Mythical Man-Month.* Addison-Wesley.

- **Carnegie, Dale. 1936.** *How to Win Friends and Influence People.* Simon & Schuster.

- **Cherniss, Cary, Ph.D. 1999.** The business case for emotional intelligence. [Online] 1999. [Cited: January 25, 2019.]

- **Cohn, Mike. 2010.** *Succeeding with Agile: Software Development Using Scrum.* Addison-Wesley.

- **—. 2004.** *User Stories Applied: For Agile Software Development.* Addison-Wesley, 2004.

- **Collyer, Keith and Jordi Manzano. 2013.** Being agile while still being compliant: A practical approach for medical device manufacturers. [Online] March 5, 2013. [Cited: January 20, 2019.]

- **Conway, Melvin E. 1968.** How do Committees Invent? *Datamation.* April 1968.

- **Coram, Robert. 2002.** *Boyd: The Fighter Pilot Who Changed the Art of War.* Back Bay Books.

- **Crispin, Lisa and Janet Gregory. 2009.** *Agile Testing: A Practical Guide for Testers and Agile Teams.* Addison-Wesley Professional.

- **Curtis, Bill, et al. 2009.** *People Capability Maturity Model (P-CMM) Version 2.0, 2nd Ed.* Software Engineering Institute.

- **DeMarco, Tom. 2002.** *Slack: Getting Past Burnout, Busywork, and the Myth of Total Efficiency.* Broadway Books.

- **Derby, Esther and Diana Larsen. 2006.** *Agile Retrospectives: Making Good Teams Great.* Pragmatic Bookshelf.

- **DORA. 2018.** *2018 Accelerate: State of Devops.* DevOps Research and Assessment.

- **Doyle, Michael and David Strauss. 1993.** *How to Make Meetings Work!* Jove Books.

- **Dweck, Carol S. 2006.** *Mindset: The New Psychology of Success.* Ballantine Books.

- **DZone Research. 2015.** *The Guide to Continuous Delivery.* Sauce Labs.

- **Feathers, Michael. 2004.** *Working Effectively with Legacy Code.* Prentice Hall PTR.

- **Fisher, Roger and William Ury. 2011.** *Getting to Yes: Negotiating Agreement Without Giving In, 3rd Ed.* Penguin Books.

- **Forsgren, Nicole, et al. 2018.** *Accelerate: The Science of Lean Software and DevOps: Building and Scaling High Performing Technology Organizations.* IT Revolution.

- **Gilb, Tom. 1988.** *Principles of Software Engineering Management.* Addison-Wesley.

- **Goleman, Daniel. 2004.** What Makes a Leader? *Harvard Business Review.* January 2004.

- **Gould, Stephen Jay. 1977.** *Ever Since Darwin.* WW Norton & Co Inc.

- **Grenning, James. 2001.** Launching Extreme Programming at a Process-Intensive Company. *IEEE Software.* November/December 2001.

- **Hammarberg, Marcus and Joakim Sundén. 2014.** *Kanban in Action.* Manning Publications.

- **Heifetz, Ronald A. and Marty Linsky. 2017.** *Leadership on the Line: Staying Alive Through the Dangers of Change, Revised Ed.* Harvard Business Review Press.

- **Hooker, John, 2003.** *Working Across Cultures.* Stanford University Press.

- **Humble, Jez, et al. 2015.** *Lean Enterprise: How High Performance Organizations Innovate at Scale.* O'Reilly Media.

- **Humble, Jez. 2018.** *Building and Scaling High Performing Technology Organizations.* October 26, 2018. Construx Software Leadership Summit.

- **James, Geoffrey. 2018.** It's Official: Open-Plan Offices Are Now the Dumbest Management Fad of All Time. *Inc.* July 16, 2018.

- **Jarrett, Christian. 2018.** Open-plan offices drive down face-to-face interactions and increase use of email. *BPS Research.* July 5, 2018.

- **—. 2013.** The supposed benefits of open-plan offices do not outweigh the costs. *BPS Research.* August 19, 2013.

- **Jones, Capers and Olivier Bonsignour. 2012.** *The Economics of Software Quality.* Addison-Wesley.

- **Jones, Capers. 1991.** *Applied Software Measurement: Assuring Productivity and Quality.* McGraw-Hill.

- **Konnikova, Maria. 2014.** The Open-Office Trap. *New Yorker.* January 7, 2014.

- **Kotter, John and Holger Rathgeber. 2017.** *Our Iceberg is Melting, 10th Anniversary Edition.* Portfolio/Penguin.

- **Kotter, John P. 2012.** *Leading Change.* Harvard Business Review Press.

- **Kruchten, Philippe, et al. 2019.** *Managing Technical Debt.* Software Engineering Institute.

- **Kurtz, C.F., and D. J. Snowden. 2003.** The new dynamics of strategy: Sense-making in a complex and complicated world. *IBM Systems Journal.* 2003, Vol. 42, 3.

- **Lacey, Mitch. 2016.** *The Scrum Field Guide: Agile Advice for Your First Year and Beyond, 2d Ed.* Addison-Wesley.

- **Leffingwell, Dean. 2011.** *Agile Software Requirements: Lean Requirements Practices for Teams, Programs, and the Enterprise.* Pearson Education.

- **Lencioni, Patrick. 2002.** *The Five Dysfunctions of a Team.* Jossey-Bass.

- **Lipmanowicz, Henri and Keith McCandless. 2013.** *The Surprising Power of Liberating Structures.* Liberating Structures Press.

- **Martin, Robert C. 2017.** *Clean Architecture: A Craftsman's Guide to Software Structure and Design.* Prentice Hall.

- **Maxwell, John C. 2007.** *The 21 Irrefutable Laws of Leadership.* Thomas Nelson.

- **McConnell, Steve and Jenny Stuart. 2018.** Agile Technical Coach Career Path. [Online] 2018.

- —. **2018.** Career Pathing for Software Professionals. [Online] 2018. https://www.construx.com/whitepapers.

- —. **2018.** Software Architect Career Path. [Online] 2018. https://www.construx.com/whitepapers.

- —. **2018.** Software Product Owner Career Path. [Online] 2018. https://www.construx.com/whitepapers.

- —. **2018.** Software Quality Manager Career Path. [Online] 2018. https://www.construx.com/whitepapers.

- —. **2018.** Software Technical Manager Career Path. [Online] 2018. https://www.construx.com/whitepapers.

- **McConnell, Steve. 2004.** *Code Complete, 2nd Ed.* Microsoft Press.

- —. **2016.** Measuring Software Development Productivity. [Online] 2016. [Cited: January 19, 2019].

- —. **2016.** Measuring Software Development Productivity. *Construx Software.* [Online] Construx Sofware, 2016. [Cited: June 26, 2019].

- —. **2004.** *Professional Software Development.* Addison-Wesley.

- —. **1996.** *Rapid Development: Taming Wild Software Schedules.* Microsoft Press.

- —. **2000.** Sitting on the Suitcase. *IEEE Software.* May/June 2000.

- —. **2006.** *Software Estimation: Demystifying the Black Art.* Microsoft Press.

- —. 2019. Understanding Software Projects Lecture Series. *Construx OnDemand.* [Online]

- —. 2011. What does 10x mean? Measuring Variations in Programmer Productivity. [book auth.] Andy and Greg Wilson, Eds Oram. *Making Software: What Really Works, and Why We Believe It.* O'Reilly.

- **Meyer, Bertrand. 2014.** *Agile! The Good, They Hype and the Ugly.* Springer.

- —. 1992. Applying "Design by Contract". *IEEE Computer.* October 1992.

- **Moore, Geoffrey. 1991.** *Crossing the Chasm, Revised Ed.* Harper Business.

- **Mulqueen, Casey and David Collins. 2014.** *Social Style & Versatility Facilitator Handbook.* TRACOM Press.

- **Nygard, Michael T. 2018.** *Release It!: Design and Deploy Production-Ready Software, 2nd Ed.* Pragmatic Bookshelf.

- **Oosterwal, Dantar P. 2010.** *The Lean Machine: How Harley-Davidson Drove Top-Line Growth and Profitability with Revolutionary Lean Product Development.* AMACOM.

- **Patterson, Kerry, et al. 2002.** *Crucial Conversations: Tools for talking when the stakes are high.* McGraw-Hill.

- **Patton, Jeff. 2014.** *User Story Mapping: Discover the Whole Story, Build the Right Product.* O'Reilly Media.

- **Pink, Daniel H. 2009.** *Drive: The Surprising Truth About What Motivates Us.* Riverhead Books.

- **Poole, Charles and Jan Willem Huisman. 2001.** Using Extreme Programming in a Maintenance Environment. *IEEE Software.* November/December 2001.

- **Poppendieck, Mary and Tom. 2006.** *Implementing Lean Software Development.* Addison-Wesley Professional.

- **Puppet Labs. 2014.** *2014 State of DevOps Report.* 2014.

- **Putnam, Lawrence H., and and Ware Myers. 1992.** *Measures for Excellence: Reliable Software On Time, Within Budget.* Yourdon Press.

- **Reinertsen, Donald G. 2009.** *The Principles of Product Development Flow: Second Generation Lean Product Development.* Celeritas Publishing.

- **Richards, Chet. 2004.** *Certain to Win: The Strategy of John Boyd, Applied to Business.* Xlibris Corporation.

- **Rico, Dr. David F. 2009.** *The Business Value of Agile Software Methods.* J. Ross Publishing.

- **Robertson, Robertson Suzanne and James. 2013.** *Mastering the Requirements Process: Getting Requirements Right, 3rd Ed.* Addison-Wesley.

- **Rogers, Everett M. 1995.** *Diffusion of Innovation, 4th Ed.* The Free Press.

- **Rotary International.** The Four-Way Test. *Wikipedia.* [Online] [Cited: June 23, 2019.]

- **Rozovsky, Julia. 2015.** The five keys to a successful Google team. [Online] November 17, 2015. [Cited: November 25, 2018.]

- **Rubin, Kenneth. 2012.** *Essential Scrum: A Practical Guide to the Most Popular Agile Process.* Addison-Wesley.

- **Scaled Agile, Inc. 2017.** Achieving Regulatory and Industry Standards Compliance with the Scaled Agile Framework. *Scaled Agile Framework.* [Online] August 2017. [Cited: June 25, 2019.]

- **Schuh, Peter. 2001.** Recovery, Redemption, and Extreme Programming. *IEEE Software.* November/December 2001.

- **Schwaber, Ken and Jeff Sutherland. 2017.** *The Scrum Guide: The Definitive Guide to Scrum: The Rules of the Game.* 2017. [Online]

- **Schwaber, Ken. 1995.** SCRUM Development Process. *Proceedings of the 10th Annual ACM Conference on Object Oriented Programming Systems, Languages, and Applications (OOPSLA).* 1995.

- **Scrum Alliance. 2017.** *State of Scrum 2017-2018.*

- **Snowden, David J. and Mary E. Boone. 2007.** A Leader's Framework for Decision Making. *Harvard Business Review.* November 2007.

- **Standish Group. 2013.** *Chaos Manifesto 2013: Think Big, Act Small.*

- **Stellman, Andrew and Jennifer Green. 2013.** *Learning Agile: Understanding Scrum, XP, Lean, and Kanban.* O'Reilly Media.

- **Stuart, Jenny and Melvin Perez. 2018.** Retrofitting Legacy Systems with Unit Tests. [Online] July 2018.

- **Stuart, Jenny, et al. 2018.** Six Things Every Software Executive Should Know About Scrum. [Online] 2018.

- **—. 2017.** Staffing Scrum Roles. [Online] 2017.

- **—. 2018.** Succeeding with Geographically Distributed Scrum. [Online]

- **—. 2018.** Ten Keys to Successful Scrum Adoption. [Online] 2018.

- —. 2018. Ten Pitfalls of Enterprise Agile Adoption. [Online] 2018.

- **Sutherland, Jeff. 2014.** *Scrum: The Art of Doing Twice the Work in Half the Time.* Crown Business.

- **Tockey, Steve. 2005.** *Return on Software: Maximizing the Return on Your Software Investment.* Addison-Wesley.

- **Twardochleb, Michal. 2017.** Optimal selection of team members according to Belbin's theory. *Scientific Journals of the Maritime University of Szczecin.* September 15, 2017.

- **U.S. Marine Corps Staff. 1989.** *Warfighting: The U.S. Marine Corp Book of Strategy.* Currency Doubleday.

- *Velocity Culture (The Unmet Challenge in Ops).* **Jenkins, Jon. June 16, 2011.** June 16, 2011. O'Reilly Velocity Conference.

- **Westrum, Ron. 2005.** A Typology of Organisational Cultures. January 2005, pp. 22-27.

- **Wiegers, Karl and Joy Beatty. 2013.** *Software Requirements, 3rd Ed.* Microsoft Press.

- **Williams, Laurie and Robert Kessler. 2002.** *Pair Programming Illuminated.* Addison-Wesley.

- **Yale Center for Emotional Intelligence. 2019.** The RULER Model. [Online]. [Cited: January 19, 2019.] http://ei.yale.edu/ruler/.

memo

memo

memo

memo

博碩文化

博碩文化